essentials

essentials liefern aktuelles Wissen in konzentrierter Form. Die Essenz dessen, worauf es als „State-of-the-Art" in der gegenwärtigen Fachdiskussion oder in der Praxis ankommt. *essentials* informieren schnell, unkompliziert und verständlich:

- als Einführung in ein aktuelles Thema aus Ihrem Fachgebiet
- als Einstieg in ein für Sie noch unbekanntes Themenfeld
- als Einblick, um zum Thema mitreden zu können

Die Bücher in elektronischer und gedruckter Form bringen das Expertenwissen von Springer-Fachautoren kompakt zur Darstellung. Sie sind besonders für die Nutzung als eBook auf Tablet-PCs, eBook-Readern und Smartphones geeignet. *essentials:* Wissensbausteine aus den Wirtschafts-, Sozial- und Geisteswissenschaften, aus Technik und Naturwissenschaften sowie aus Medizin, Psychologie und Gesundheitsberufen. Von renommierten Autoren aller Springer-Verlagsmarken.

Weitere Bände in der Reihe http://www.springer.com/series/13088

Joachim Hilgert

Mathematik studieren

Ein Ratgeber für Erstsemester und
solche, die es vielleicht werden
wollen

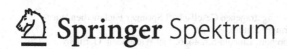
Springer Spektrum

Joachim Hilgert
Mathematics Institute
University of Paderborn, Paderborn
Deutschland

ISSN 2197-6708 ISSN 2197-6716 (electronic)
essentials
ISBN 978-3-658-31832-1 ISBN 978-3-658-31833-8 (eBook)
https://doi.org/10.1007/978-3-658-31833-8

Die Deutsche Nationalbibliothek verzeichnet diese Publikation in der Deutschen Nationalbibliografie; detaillierte bibliografische Daten sind im Internet über http://dnb.d-nb.de abrufbar.

© Der/die Herausgeber bzw. der/die Autor(en), exklusiv lizenziert durch Springer Fachmedien Wiesbaden GmbH, ein Teil von Springer Nature 2020
Das Werk einschließlich aller seiner Teile ist urheberrechtlich geschützt. Jede Verwertung, die nicht ausdrücklich vom Urheberrechtsgesetz zugelassen ist, bedarf der vorherigen Zustimmung des Verlags. Das gilt insbesondere für Vervielfältigungen, Bearbeitungen, Übersetzungen, Mikroverfilmungen und die Einspeicherung und Verarbeitung in elektronischen Systemen.
Die Wiedergabe von allgemein beschreibenden Bezeichnungen, Marken, Unternehmensnamen etc. in diesem Werk bedeutet nicht, dass diese frei durch jedermann benutzt werden dürfen. Die Berechtigung zur Benutzung unterliegt, auch ohne gesonderten Hinweis hierzu, den Regeln des Markenrechts. Die Rechte des jeweiligen Zeicheninhabers sind zu beachten.
Der Verlag, die Autoren und die Herausgeber gehen davon aus, dass die Angaben und Informationen in diesem Werk zum Zeitpunkt der Veröffentlichung vollständig und korrekt sind. Weder der Verlag, noch die Autoren oder die Herausgeber übernehmen, ausdrücklich oder implizit, Gewähr für den Inhalt des Werkes, etwaige Fehler oder Äußerungen. Der Verlag bleibt im Hinblick auf geografische Zuordnungen und Gebietsbezeichnungen in veröffentlichten Karten und Institutionsadressen neutral.

Planung/Lektorat: Andreas Rüdinger
Springer Spektrum ist ein Imprint der eingetragenen Gesellschaft Springer Fachmedien Wiesbaden GmbH und ist ein Teil von Springer Nature.
Die Anschrift der Gesellschaft ist: Abraham-Lincoln-Str. 46, 65189 Wiesbaden, Germany

Was Sie in diesem *essential* finden können

In diesem Ratgeber finden Sie Informationen, die Ihnen bei der Beantwortung der Frage helfen können, ob Sie Mathematik studieren sollen, und wenn ja, an welcher Universität und mit welcher Schwerpunktsetzung. Im Mittelpunkt steht eine realistische und konkrete Beschreibung des Studienablaufs und der gestellten Anforderungen. Die Beschreibung der einzelnen Studienelemente wird durch konstruktive Ratschläge zur Bewältigung der jeweiligen Aufgaben und Hinweise auf die verfügbaren Unterstützungsangebote ergänzt. Zur leichteren Orientierung gibt es im letzten Kapitel noch einen groben Überblick über die mathematischen Themenfelder, die in einem Mathematikstudium behandelt werden.

Vorwort

Ich bin Mathematiker aus Leidenschaft und habe es keine Minute meines Lebens bereut, vor über vierzig Jahren das Mathematikstudium aufgenommen zu haben. Als Professor für Mathematik ist es mir sehr wichtig, jedes Jahr möglichst viele interessierte Studienanfänger an unserem Institut begrüßen zu können.

Trotzdem ist dieser Text keine Werbebroschüre für das Mathematikstudium, sondern ein kritischer Ratgeber. Er zeigt insbesondere auch die Schwierigkeiten auf, die im Mathematikstudium auftreten. Mein Ziel ist maximale Transparenz.

Ich konzentriere mich auf den Prozess Mathematik zu studieren; mathematische Inhalte spielen praktisch keine Rolle. Lesern, die auch inhaltlich substantielle Information über die Mathematik als Wissenschaft haben möchten, bevor sie sich für ein Mathematikstudium entscheiden, empfehle ich den „Reiseführer Mathematik" [9], der genau diese Informationen enthält.

Beschäftigung mit Mathematik ist faszinierend, und es kann extrem erfüllend sein, wenn man nach einer langen, Knobelei endlich die Lösung für ein Problem gefunden hat. Sie kann aber auch sehr frustrierend sein, wenn man bei dem Versuch, ein Problem zu lösen oder eine Begründung zu verstehen, nicht weiter kommt. In jedem Fall ist die Beschäftigung mit Mathematik anstrengend. Freude daran, sich mit mathematischen Inhalten auseinanderzusetzen, sollte jeder mitbringen, der Mathematik studiert. Allein die Hoffnung auf gute Berufsaussichten und hohes Prestige ist noch kein Fundament für ein Mathematikstudium.

Es ist mir ein besonderes Anliegen, den nötigen Arbeitsaufwand für ein Mathematikstudium in realistischer Weise zu schildern. Ich gehe dabei das Risiko ein, konkrete Richtwerte für den Zeitaufwand anzugeben, der in einzelne Tätigkeiten fließen sollte. Solche Angaben können natürlich nur sinnvoll sein, wenn sie als Durchschnittswerte verstanden werden.

Alle Zeitangaben, die ich mache, beziehen sich auf ein Mathematikstudium, das als Vollzeitstudium betrieben wird. Sind Studenten darauf angewiesen, für ihren Lebensunterhalt neben dem Studium so viel zu arbeiten, dass man nur noch von einem Teilzeitstudium sprechen kann, wird sich das Studium automatisch verlängern. Da sich die Studieninhalte nicht beliebig stückeln und anordnen lassen, kann eine 50 %-Teilzeit durchaus mehr als eine Verdoppelung der Studienzeit zur Folge haben.

Mein Fokus in diesem Text liegt auf den Aspekten des Studiums, die für das Studienfach Mathematik spezifisch sind. So beschreibe ich zum Beispiel im Detail, wie Vorlesungen und Seminare ablaufen, weil das in der Mathematik anders ist als in den Kultur- oder Ingenieurwissenschaften. Ich gehe aber nicht auf die Schwierigkeit ein, eine bezahlbare Unterkunft zu finden, denn die ist unabhängig vom Studienfach.

Dieser Text ist nicht gegendert. Ich verwende das grammatikalische Geschlecht. Dementsprechend sind alle Menschen, unabhängig von ihrem Geschlecht oder ihrer Genderidentität, gemeint und nicht „mitgemeint"! In den seltenen Passagen, in denen das biologische Geschlecht eine Rolle spielt (zum Beispiel im Abschn. 3.1.3), wird das explizit gesagt.

Ich bedanke mich bei Dominik Brennecken, Ingrid Hilgert, Luisa Hilgert, Max Hoffmann, Anja Panse, Andreas Rüdinger und Tobias Weich, deren konstruktive Kritik den Text deutlich verbessert hat.

Paderborn   Joachim Hilgert
August 2020

Inhaltsverzeichnis

Mathematik studieren?

1

Die Wahl eines Studienfachs ist eine Vorentscheidung für die Berufswahl und somit eine wichtige Weichenstellung. Jeder Studienanfänger hofft, sich auf Anhieb für ein Fach zu entscheiden, welches zu ihm passt und ihm die erhofften beruflichen Perspektiven eröffnet.

Allerdings entscheidet man sich bei jedem Studienfach für etwas Unbekanntes und es ist nicht möglich, vorweg Risiken komplett auszuschließen. Man sollte sich auf neue Dinge und Überraschungen einlassen. Inhalte, Arbeitsweisen und Anforderungen werden sich von dem, was jeder im Mathematikunterricht in der Schule kennengelernt hat, deutlich unterscheiden. Ein gewisses Maß an Überraschung wird es geben, so gründlich man sich auch vorbereitet hat. Diese Überraschung kann negativ, aber auch positiv sein.

1.1 Selbstbefragung

Der gewählte Beruf nimmt einen sehr bedeutenden Raum im Leben eines Menschen ein, und die Wahl eines Studienfachs ist eine wichtige Vorentscheidung für die Berufswahl. Man sollte sich dafür über die eigenen Vorlieben, Fähigkeiten und Erwartungen klar werden. In diesem Abschnitt stelle ich kurze Listen von Fragen zusammen, die man sich selbst stellen kann, um herauszufinden, ob die eigenen Neigungen und Fähigkeiten zum Mathematikstudium passen und welche Erwartungen man an Studium und Beruf hat. Die Auswahl aus jeweils einer langen Liste von denkbaren Fragen spiegelt meine Einschätzung wieder, welche *Dimensionen* für die anstehenden Entscheidungen besonders relevant sind. Im Anschluss an die Fragen diskutiere ich Aspekte der Beschäftigung mit Mathematik, bei denen ich einen Zusammenhang zu den gestellten Fragen sehe.

© Der/die Herausgeber bzw. der/die Autor(en), exklusiv lizenziert durch Springer Fachmedien Wiesbaden GmbH, ein Teil von Springer Nature 2020
J. Hilgert, *Mathematik studieren*, essentials,
https://doi.org/10.1007/978-3-658-31833-8_1

Ich habe versucht, die Fragen weitgehend ohne Bezug zur Mathematik zu formulieren, während die nachfolgenden Erläuterungen sich aus der Praxis eines Mathematikstudiums ableiten. Damit beziehen sich die Beschreibungen in der Regel nicht auf *einzelne* der Fragen, sondern auf Bündel von Fragen. Umgekehrt sind manche der Fragen für mehrere der Erläuterungen relevant. Es handelt sich bei den Fragen also nicht um Checklisten, deren Abarbeitung ausreichen würde, um eine gute Entscheidung zu treffen. Eher sind sie als Anregungen zu sehen, darüber nachzudenken, welche Aspekte der eigenen Persönlichkeit in dieser Entscheidung eine Rolle spielen könnten.

1.1.1 Neigung

Jedes Fachstudium erfordert spezifische Aktivitäten, die einem mehr oder weniger entgegenkommen. Intellektuelles Interesse allein reicht oft nicht aus, um sich zum Studium eines Faches zu motivieren. Mit *Neigung* ist hier das ganze Bündel an Vorlieben und Aversionen gemeint, die sich für ein Mathematikstudium als förderlich oder hinderlich erweisen können. Fragen, die sich in diesem Zusammenhang stellen, sind:

- Bin ich ein Tüftler, der sich Sachen ausdenkt und dann herumprobiert, bis sie so sind, wie ich sie haben möchte?
- Fällt es mir leicht, die einzelnen Gedanken sinnvoll zu sortieren, wenn ich einen Aufsatz schreibe?
- Bin ich gerne einmal für mich und hänge meinen Gedanken nach?
- Knobele ich gerne über längere Zeit an anspruchsvollen Problemen?
- Wie wichtig ist es mir, meine Aufgaben sorgfältig zu erledigen?
- Habe ich mich in der Schule gefreut, wenn ein neues Thema eingeführt wurde?
- Probiere ich gerne neue Spiele aus?
- Hat mir die Mathematik in der Schule Spaß gemacht, weil ich immer wusste, was zu tun war und am Ende immer ein befriedigendes Ergebnis herauskam?
- Bin ich ehrgeizig?
- Verfolge ich hartnäckig meine Ziele?
- Kann ich mich nach Fehlschlägen wieder aufraffen und nochmal von vorne anfangen?

In der Mathematik, und eben auch im Mathematikstudium, geht es viel um das Lösen von Problemen. Nur selten handelt es sich um standardisierte Probleme wie die Kurvendiskussion oder das Lösen quadratischer Gleichungen, die man aus der Schule kennt. Jedes Problem ist wieder etwas anders gelagert als das vorhergehende. Um es zu lösen, muss man seine Werkzeuge sorgfältig zurechtlegen, das Eine oder Andere ausprobieren, innehalten, neu nachdenken. Auf keinen Fall darf man sich von Fehlschlägen frustrieren lassen und schnell aufgeben. Dabei hilft auch ein gewisser Ehrgeiz, zum Beispiel in der Lerngruppe etwas Konstruktives beitragen zu wollen. Wer *gerne* an einem Problem tüftelt, bis er eine Lösung gefunden hat, hat mehr Freude am Studium. Wer Frustrationstoleranz hat, ist besser gerüstet für den Studienalltag, in dem man immer wieder Aufgaben gestellt bekommt, die man in der vorgegeben Zeit zu lösen nicht in der Lage ist.

Die Komplexität der im Studium zu bearbeitenden Probleme führt dazu, dass die Erfolgserlebnisse, die einem das Lösen von Problemen liefert, seltener, aber auch intensiver werden. Wer seine Freude am Schulfach Mathematik *nur* daraus bezogen hat, dass er immer wusste was zu tun war und das auch durchführen konnte, der wird vom Mathematikstudium enttäuscht sein. Wer dagegen damit leben kann, zunächst nicht zu wissen was zu tun ist, aber an einem Problem so lange knobelt, bis er die Lösung hat, wird umso mehr Freude an den auch im Studium oft sehr befriedigenden Ergebnissen haben.

Ein Aspekt der Problemlösung, der erst auf den zweiten Blick sichtbar wird, ist die Notwendigkeit, das Problem zu strukturieren, bevor man anfangen kann es zu lösen. Sinnvolle Strukturen in einer scheinbar zufälligen Faktenlage zu erkennen und dann auszunutzen, ist eine Kernkompetenz von Mathematikern. Man lernt Vergleichbarkeiten und Ähnlichkeiten zwischen ganz unterschiedlichen Sachlagen kennen, immer bestrebt Ordnung ins Chaos zu bringen.

Im Studium wird sehr viel häufiger neuer Stoff präsentiert als in der Schule. Das Wiederholen und Einüben des präsentierten Stoffes ist in viel höherem Maß dem Einzelnen zur häuslichen Nacharbeit überlassen. Wer neugierig ist, kann sich dazu besser motivieren. Neu eingeführte Konzepte können ehrlicherweise oft nur damit motiviert werden, dass man sie später brauchen wird. Es erleichtert die Selbstmotivation, wenn man die vorgestellten Strukturen als ein neues Spiel betrachten kann, das man ausprobiert.

Manchmal muss man aber doch eine Sache mühsam abarbeiten, von der man eigentlich schon weiß, wie sie geht. Hartnäckigkeit hilft auch hier. Leichter fällt das Abarbeiten mühsamer Routineaufgaben natürlich Leuten, die sich daran freuen können, eine solche Aufgabe, sagen wir eine Kurvendiskussion, vollständig und sorgfältig erledigt zu haben.

1.1.2 Eignung

Mathematik gilt als schwer. Mathematiker können in der Regel auch sehr erfolgreich Intelligenztests lösen, weshalb sie als intelligent bezeichnet werden. Es ist zweifellos richtig, dass man ohne die Fähigkeit zu abstraktem Denken nicht erfolgreich Mathematik studieren kann. Analytische Intelligenz ist aber nicht die einzige Eigenschaft, an der sich die Eignung für ein Mathematikstudium misst. Weitere wichtige Fragen sind:

- Kann ich konzentriert für längere Zeit an einer Sache arbeiten?
- Kann ich mich selbst motivieren oder brauche ich Motivation von außen?
- Bin ich willens, Mühe in Projekte zu investieren, deren Zielsetzung ich nicht von Anfang an einschätzen kann und deren Erfolg mir nicht garantiert wird?
- Will ich immer genau wissen, *warum* die Dinge funktionieren oder bin ich in der Regel damit zufrieden, *dass* sie funktionieren?
- Bin ich bereit, eine detaillierte Analyse in der Zeitung oder einem Magazin zu lesen?
- Kann ich bei der Lektüre erkennen, an welchen Stellen mir der Hintergrund fehlt oder ich aus anderen Gründen nicht folgen kann?
- Schaue ich nach, wenn ich etwas nicht weiß oder verstehe?
- Traue ich mich nachzufragen und dabei meine Schwächen zu zeigen?
- Erinnere ich mich langfristig an Dinge, die ich einmal verstanden habe, und kann ich diese Erinnerungen auch in neuen Situationen abrufen?

Wie in Abschn. 1.1.1 erläutert, erfordert die Beschäftigung mit Mathematik Ausdauer. Sie erfordert eine Haltung, wie sie zum Beispiel auch von Musikern und Sportlern erwartet wird: Bereitwilligen Einsatz in kontinuierlichen Übungseinheiten, die mehr Arbeit als Spaß sind, mit Blick auf ein nicht in der unmittelbaren Zukunft gelegenes Ziel. So wie sich der Sinn von Etüden oder Gymnastik den Neulingen im Klavierunterricht oder Fußballtraining oft nicht recht erschließt, leuchtet Studienanfängern in der Mathematik meist nicht ein, wieso sie sich so mit dem Finden und kleinteiligen Aufschreiben von logischen Schlussketten plagen müssen. Es bleibt ihnen eigentlich nichts anderes übrig, als den Dozenten zu glauben, dass diese Mühen für ein erfolgreiches Mathematikstudium unverzichtbar sind.

Mathematikdozenten versuchen in aller Regel bei ihren Studenten Begeisterung für die Mathematik zu wecken. Unter den Rahmenbedingungen der universitären Lehre spielt die Fähigkeit, sich selbst zu motivieren, im Studium dennoch eine wirklich bedeutende Rolle.

Die Kontinuität des Arbeitens ist absolut unverzichtbar. Das sogenannte „Bulimielernen" ist im Mathematikstudium komplett sinnlos. Ich gehe auf die Rolle des selbstorganisierten, kontinuierlichen und nachhaltigen Wissensaufbaus im Mathematikstudium in Abschn. 3.4.1 noch genauer ein.

Man sollte in der Schule keine Schwierigkeiten mit dem Fach Mathematik gehabt haben, aber Spitzennoten sind keine Voraussetzung für ein Mathematikstudium. Die Noten sind auch nur bedingt aussagekräftig. Die Anforderungen im schulischen Mathematikunterricht ähneln eher den Anforderungen in der Nebenfachausbildung (Mathematik für Ingenieure oder Wirtschaftswissenschaftler etc.) als den Anforderungen des Fachstudiums Mathematik. Man lernt gewisse funktionierende Schemata kennen, die in vorgegebenen Kontexten abzuarbeiten sind. Solche Arbeiten schnell und fehlerfrei erledigen zu können, spielt eine bedeutende Rolle für den schulischen Erfolg.

Problemstellungen, für die es automatisierte Standardlösungsverfahren gibt, lernt man auch im Mathematikstudium kennen. In der Regel lernt man dann aber auch, wie sie automatisiert vom Computer abgearbeitet werden können. Das Hauptaugenmerk liegt im Studium auf dem Umgang mit Problemen, deren Bearbeitung man (noch) nicht automatisieren kann. Bei der Lösung solcher Probleme ist die grundsätzliche Haltung, immer nach dem „Warum" zu fragen, sehr hilfreich.

Überhaupt wird im Mathematikstudium sehr viel danach gefragt, warum die Dinge so funktionieren wie sie funktionieren. Wenn eine Methode etabliert ist, wird sie zur Festigung ein paar Mal geübt, dann aber in den Wissensbestand übernommen, wo sie für Anwendungen wieder abgerufen werden kann. Anwendung heißt während des Studiums dann meistens, Einsatz zur Rechtfertigung weiterer Methoden. Wer gerne wissen will, warum die Dinge funktionieren, hat weniger Probleme mit der Selbstmotivation und mehr Freude am Studium.

Die Mathematik hat eine ausgeklügelte Fachsprache (die aus der Schule bekannte Formelsprache ist hier nur die Spitze des Eisbergs), die es erlaubt, sich sehr präzise auszudrücken, die für den Anfänger aber oft abschreckend wirkt. Die mathematische Fachsprache zwingt den Leser mathematischer Texte, ähnlich wie im Lateinischen, jedes Wort und jede Wortkombination auf ihre Bedeutung hin abzuklopfen. Das gilt auch für den Experten, der die Fachsprache kennt und seine Scheu davor verloren hat. Rein mündliche Kommunikation funktioniert in der Mathematik nur sehr bedingt. Um erfolgreich Mathematik zu studieren, ist die Bereitschaft erforderlich, inhaltsreiche Texte genau zu lesen und sich dabei klar zu machen, welche Teile man verstanden hat und welche nicht.

Verständnisprobleme sind bei der Einarbeitung in mathematische Sachverhalte die Regel und nicht die Ausnahme. Das gilt für Profis und Fortgeschrittene genauso wie für Anfänger. Deswegen sind Mathematiker auch offen für Fragen und erklären gerne die Dinge, die sie schon verstanden haben. Wer sich im Mathematikstudium traut, Fragen zu unklaren Punkten zu stellen, dem stehen zusätzliche Wissensressourcen zur Verfügung, die zum Studienerfolg enorm beitragen können.

1.1.3   Erwartung

In aller Regel erwartet man von dem Beruf, den man ergreift, dass er einen ernährt. Das muss hier als Erwartung nicht aufgelistet werden und ist beim Beruf des Mathematikers auch praktisch immer der Fall. Ich beschränke mich hier auf einige Aspekte, von denen ich denke, dass Mathematik als Studium und Beruf im Vergleich zu anderen Bereichen Besonderheiten aufweist.

- Möchte ich eine klare Abgrenzung zwischen Studium/Beruf und Freizeit?
- Sind mir zahlreiche soziale Kontakte im Beruf wichtig?
- Was sind meine beruflichen Ambitionen?
- Wie wichtig ist mir ein hoher Verdienst?
- Wie wichtig ist mir eine konkrete berufliche Perspektive?

Der hohe Aufwand an häuslicher Eigenarbeit im Mathematikstudium (siehe Abschn. 3.4) setzt dem Bedürfnis nach studentischer Freizeitgestaltung Grenzen. Die geistige Auseinandersetzung mit Problemen, die jeder Routinebearbeitung widerstehen, nimmt Mathematiker (Studenten wie Profis) dauerhaft in Beschlag. Sie erlaubt keine „nine-to-five Haltung", keine strikte Trennung von Arbeit und Freizeit. Das gilt zumindest so lange, wie sie als Problemlöser eingesetzt sind, also insbesondere während des Studiums.

Wem zahlreiche soziale Kontakte am Arbeitsplatz wichtig sind, der sollte sich rechtzeitig darum bemühen, dass zu seinen Aufgaben auch Personalverantwortung (Management oder Ausbildung) gehört. Andererseits können Mathematiker immer auch Aufgaben finden, die einen hohen Anteil an individueller Eigenarbeit haben. Introvertierteren Persönlichkeiten kann dies durchaus entgegenkommen. Die Mathematik bietet auch denjenigen interessante Tätigkeiten, die weniger schlagfertig sind, sondern überlegen müssen, bevor sie etwas sagen können.

Beruflicher Aufstieg und ein hohes Gehalt sind allerdings in aller Regel an Personalverantwortung gebunden. Wer diesen Aspekten bei der Berufswahl primäre

Bedeutung zumisst, ist vielleicht mit einem Jura-, BWL- oder Ingenieurstudium besser bedient.

Mathematiker sind Generalisten. Sind sind darauf trainiert, Strukturen zu erkennen und Problemlösestrategien unter Ausnutzung von Strukturen zu entwickeln. Dementsprechend unscharf ist das Berufsbild des Mathematikers. Es gibt viele Möglichkeiten, wohin einen ein Mathematikstudium letztlich beruflich führen kann (siehe Abschn. 1.2.1), aber keine Gewissheiten. Wer das als Chance sieht, kommt auch mit der scheinbaren Praxisferne des Mathematikstudiums besser zurecht.

1.2 Berufsaussichten

Auch wenn es in diesem Ratgeber eigentlich um das Studieren der Mathematik geht, will ich zumindest kurz auf die Berufsaussichten eingehen, die ein Mathematikstudium eröffnet. Die ganz kurze Fassung ist: Die Aussichten sind vielseitig und krisenfest. Abgesehen vom akademischen Bereich handelt es sich aber in der Regel nicht um rein mathematische Tätigkeiten. Ich gehe in Abschn. 1.2.1 etwas näher auf Berufsfelder ein, in denen Mathematiker Stellen finden. In Abschn. 1.2.2 habe ich auch ein paar Fakten und Einschätzungen zur Entwicklung des Arbeitsmarktes zusammengestellt. Für ausführlichere Diskussionen dieser Themenbereiche verweise ich aber auf den Reiseführer [9] und vor allem auf den Studien- und Berufsplaner Mathematik [15].

1.2.1 Berufsfelder

Die folgende Liste von Berufsfeldern, in denen Mathematiker tätig sind, findet man zusammen mit weiteren Erläuterungen in [15]:

- Automobilindustrie
- Bank- und Kreditwesen
- Bildungswesen
- Chemieindustrie
- Elektroindustrie
- Energiewirtschaft
- Forschung
- Ingenieurdienstleistungen und -consulting
- Informationstechnologie
- Luft- und Raumfahrt

- Markt- und Sozialforschung
- Maschinen- und Anlagenbau
- Medizintechnik
- Öffentliche Verwaltung
- Pharmaindustrie
- Telekommunikation
- Transport und Logistik
- Unternehmensberatung
- Versicherungen

Aussagekräftige Statistiken sind schwer zu erstellen, zumal in älteren Aufstellungen die Mathematiker nicht separat von den Physikern geführt wurden (und die Physiker die größere Gruppe sind). Da die von Mathematikern ausgeübten Tätigkeiten so wenig standardisiert sind, sind die verfügbaren Beschreibungen ausnahmslos Sammlungen von Einzelbeispielen ([1, 3, 5–7, 10, 12, 13]). Als solche sind sie interessant und bieten Einblicke, eignen sich aber nicht, um daraus ein allgemeingültiges Berufsbild abzuleiten. Eine Internet-Recherche ergibt auf die Anfrage „Mathematik studiert und dann" – so der Titel einer Vorstellungskolumne in den *Mitteilungen der Deutschen Mathematiker-Vereinigung* – eine Vielzahl an (überwiegend kommerziellen) Portalen, die Informationen über die beruflichen Optionen von Mathematikern anbieten. Ich stelle hier eine kleine Liste zusammen, wohl wissend, dass URLs oft keine lange Lebensdauer haben.

- https://www.mathematik.de/mathe-studieren
- https://jobtensor.com/Studium/Mathematik
- https://www.bachelor-studium.net/mathematik-studium
- https://mathematik-studium-tipps.de/mathestudium-und-dann/
- https://www.academics.de/ratgeber/mathematiker-berufsaussichten
- https://www.mystipendium.de/studium/mathematik-studium

Es stellt sich also die Frage, aufgrund welcher Fähigkeiten oder Kompetenzen Mathematiker so gerne eingestellt werden. In einigen wenigen Bereichen sind das erworbene Fachkompetenzen, zum Beispiel in Versicherungsmathematik oder Statistik. In der überwiegenden Zahl der Fälle ist es eher die Kombination der Fähigkeit zu analytischem, strukturiertem Denken mit einer hohen Frustrationstoleranz.

1.2.2 Arbeitsmarkt

Für die Diskussion des Arbeitsmarktes für Mathematiker gelten dieselben Einschränkungen wie für die Berufsfelder. Unzweifelhaft ist jedoch, dass fertig ausgebildete Mathematiker (ab Master) in der Regel nicht lange nach einer ersten Stelle suchen müssen. Eine Promotion in Mathematik verbessert die Aussichten weiter. Etwas problematischer ist die Situation für Absolventen, die mit einem Bachelor in Mathematik eine Stelle suchen[1]. Eine detaillierte Studie zum Arbeitsmarkt, die auf diese Unterschiede explizit eingeht, aber nicht mehr ganz aktuell ist, findet man in [4]. Das aktuelle Update [17] ist sehr lesenswert, aber weniger ausführlich.

Jeweils aktuelle Informationen findet man im jährlichen Mikrozensusbericht „Bildungsstand der Bevölkerung" des *Bundesamts für Statistik* (https://www. destatis.de)[2] und auf der Internetseite der *Arbeitsagentur* (https://statistik. arbeitsagentur.de) [3].

---

[1] Auf die Frage nach der Wahl des höchsten angestrebten Abschlusses gehe ich in Abschn. 3.6 näher ein.

[2] Für den aktuellen Bericht über 2018 vom 2. März 2020: Abschn. 6 „Bevölkerung in Privathaushalten nach Hauptfachrichtungen" unter https://www.destatis.de/DE/ Themen/Gesellschaft-Umwelt/Bildung-Forschung-Kultur/Bildungsstand/Publikationen/ Downloads-Bildungsstand/bildungsstand-bevoelkerung-5210002187004.pdf.

[3] Im Moment gibt es ein online-tool unter https://statistik.arbeitsagentur.de/Navigation/ Statistik/Statistische-Analysen/Interaktive-Visualisierung/Medianentgelte/Entgelte-nach-Berufen-im-Vergleich-Nav.html

Vorbereitung auf das Mathematikstudium 2

Wenn man sich entschieden hat Mathematik zu studieren, hat man immer noch zu entscheiden, welche Richtung man einschlagen will und wo man studieren möchte. Außerdem sollte man sich die Frage stellen, wie gut man auf das Studium vorbereitet ist. In diesem Kapitel stelle ich zusammen, was ich für essentielle Voraussetzungen halte und spreche einige Punkte an, die man bei der Wahl der Studienrichtung und des Studienorts berücksichtigen sollte.

2.1 Voraussetzungen

Man braucht nur wenige konkrete Kenntnisse, um erfolgreich Mathematik studieren zu können. Das mag viele überraschen, aber der Anspruch des Studiums besteht darin, die Mathematik aus nur ganz wenigen Basistatsachen heraus aufzubauen. Die Geschwindigkeit, mit der das umgesetzt wird, erfordert trotzdem mathematische Fähigkeiten, die man in der Schule trainiert haben muss, um im Studium zurecht zu kommen.

2.1.1 Inhaltliche Vorkenntnisse

Der inhaltliche Schwerpunkt der unverzichtbaren Vorkenntnisse liegt in der Mittelstufenmathematik. In Mathematikvorlesungen wird in begrifflichen Diskussionen, egal ob im Kontext von Definitionen, Beispielen, Sätzen oder Beweisen, mit Formeln hantiert, in denen Variablen und mit Buchstaben bezeichnete Konstanten[1] vorkommen. Damit sollte niemand ein Problem haben, der Mathematik studieren möchte.

---

[1]Zum Beispiel die Kreiszahl π.

© Der/die Herausgeber bzw. der/die Autor(en), exklusiv lizenziert durch Springer Fachmedien Wiesbaden GmbH, ein Teil von Springer Nature 2020
J. Hilgert, *Mathematik studieren*, essentials,
https://doi.org/10.1007/978-3-658-31833-8_2

Es geht aber nicht nur um die Präsenz abstrakter Größen in Formeln, sondern vor allem um das Rechnen damit. Terme werden umgeformt und Gleichungen umgestellt, meist nur marginal durch Sätze wie „wir klammern ...aus" oder „wir bringen das ...auf die andere Seite" kommentiert. Solchen Erklärungen folgen zu können, ist unbedingt nötig.

Die häufig angebotenen Vor- und Brückenkurse (siehe Abschn. 3.2.7) helfen bei Defiziten in der Mittelstufenalgebra nicht weiter, denn es geht meistens nicht darum, dass die Studenten die Möglichkeiten von Termumformung und Gleichungsumstellung nicht kennen würden, sondern es fehlt ihnen die praktische Übung und Vertrautheit damit. Das lässt sich durch einen vierzehntägigen Vorkurs nicht auffangen.

Von ähnlicher Natur sind Probleme mit elementarer Aussagenlogik. Auch wenn man erklärt hat, was ein *Beweis durch Widerspruch* ist und wie er sich von einem *Beweis durch Kontraposition* unterscheidet, so hilft das in Praxis wenig, wenn die Hörer keine Übung darin haben, die Negation einer gegebenen Aussage zu formulieren (insbesondere, wenn die Aussage Quantoren wie „für alle ..." oder „es gibt ein ..." enthält) oder zu erkennen, ob die Umformung einer Gleichung zu einer äquivalenten Gleichung führt oder nicht. Ein genauerer Blick auf die Inhalte zeigt, dass in Vorlesungen auch logische Umformungen wie zum Beispiel der Übergang zu logisch äquivalenten Aussagen ständig vorkommen. Oft sprechen die Dozenten diese Umformungen nur implizit durch Phrasen wie „wir müssen also zeigen, dass ..." oder auch nur „das bedeutet ..." an.

Ich halte den sicheren Umgang mit der Mittelstufenalgebra und elementarer Aussagenlogik für die wichtigsten erlernten Fertigkeiten, die man für ein Mathematikstudium mitbringen muss. Insbesondere muss man keinen Mathe-Leistungskurs belegt haben, um Mathematik studieren zu können. Das heißt nicht, dass es nicht außer Algebra und Aussagenlogik noch eine Reihe von weiteren Themen und Techniken gäbe, die in der Schule behandelt werden, und die für das Mathematikstudium sehr nützlich sind.

Nicht zwingend notwendig, aber sehr hilfreich ist es zum Beispiel, wenn man mit dem Konzept eines mathematischen Beweises vertraut ist. Das mildert dann den Kulturschock ab, wenn an der Universität Beweise plötzlich eine zentrale Rolle spielen, während die Berechnung konkreter Größen viel weniger oft vorkommt als in der Schule.

Ein anderer Themenkreis, den zu kennen die Eingewöhnung in den Studienalltag erleichtert, ist der Begriff einer Funktion samt Definitions- und Wertebereich. Im Studium kommen Funktionen einer reellen Variablen schon in der Anfänger-Analysis vor. Dort erleichtert insbesondere die Vertrautheit mit einem Satz von

Beispielen (Polynomfunktionen, trigonometrische Funktionen, Exponentialfunktion etc.) den Zugang deutlich. In allen mathematischen Vorlesungen spielt von Anfang an der Begriff einer Abbildung, der den Funktionsbegriff aus der Schule verallgemeinert, eine ganz zentrale Rolle, da Abbildungen den qualitativen Vergleich von unterschiedlichen Objekten erlauben. Die Gewöhnung an dieses abstrakte Konzept fällt ebenfalls leichter, wenn man zu diesem Begriff über eine an Beispielen trainierte Intuition Zugang finden kann.

Eine letzte Technik, die ich explizit aufführen möchte, ist die Fallunterscheidung, und im Zusammenhang damit, das Rechnen mit Beträgen. Fallunterscheidungen kommen in der Mathematik sehr oft vor, und das Rechnen mit Beträgen wird im Studium auch geübt, aber eben nur ein paar Mal. Danach gehen die Dozenten davon aus, dass solche Rechnungen nicht mehr groß erklärt werden müssen. Es macht das Leben leichter, zu Studienbeginn nicht viel Zeit in diese Art von Rechenfertigkeit investieren zu müssen.

Mancher Leser mag hier vielleicht die Erwähnung der Stochastik vermissen. Ich bin davon überzeugt, dass der Stochastik in der Schule ein deutlich höheres Gewicht eingeräumt werden sollte. Der Grund dafür ist aber, dass ich die Fähigkeit, mit im täglichen Leben präsentierten Wahrscheinlichkeiten und Statistiken kritisch umgehen zu können, für ein essentielles allgemeines Bildungsziel halte. Für die Vorbereitung auf ein Mathematikstudium ist das aber weit weniger wichtig als für viele andere Studiengänge, in denen statistische Kenntnisse vermittelt werden. In den Vorlesungen zur Wahrscheinlichkeitstheorie und zur Statistik werden die einschlägigen Begriffe und Techniken auf der Basis mathematisch sauberer Formulierungen ohnehin von Grund auf und ausgiebig diskutiert.

2.1.2 Arbeitstechniken

Die zentralen Arbeitstechniken, die man für ein erfolgreiches Mathematikstudium braucht, sind:

- Analytisches Lesen von Texte
- Selbstorganisation und Zeitmanagement
- Umsetzen von Gedanken in Sprache

Diese Liste unterscheidet sich nicht von einer Liste, die man für andere Studienfächer aufstellen würde. Unterschiede sieht man erst, wenn man detaillierter auf die einzelnen Punkte eingeht.

Unter allen wissenschaftlichen Disziplinen gehört die Mathematik sicher zu den Gebieten, deren Fachsprache und Kommunikationsstil den höchsten Spezialisierungsgrad und die geringste Redundanz aufweisen. Das sorgt für besondere Rahmenbedingungen bei der Erarbeitung wissenschaftlicher Literatur. Verglichen zum Beispiel mit Kulturwissenschaftlern müssen Mathematiker nur verschwindend geringe Seitenzahlen an Fachliteratur durcharbeiten. Allerdings kommt es in der mathematischen Fachliteratur auf jedes einzelne Satzelement an. Manchmal verändert schon ein einziger Druckfehler den Sinn einer Aussage in entscheidender Weise. Dementsprechend penibel muss man mathematische Texte lesen. Das ist sehr mühsam und verlangt eine Menge Selbstdisziplin, wenn es darum geht einzuschätzen, ob man den Text verstanden hat oder nicht.

Die sich an den Gebrauch des Internets als Wissensquelle anpassenden Lesegewohnheiten, bei denen sich das Überfliegen und Suchen nach relevanten Reizworten immer mehr zum Standardverfahren entwickelt, sind bei der Verarbeitung mathematischer Texte alles andere als hilfreich. Ein bewusstes Antrainieren von *langsamem* und *analysierendem* Lesen, etwa vergleichbar mit dem Lesen eines Gesetzestextes, ist unverzichtbar, wenn man in der Mathematik geschriebene Quellen nutzen möchte (siehe dazu auch Abschn. 3.4.1). Analysierend bedeutet hier insbesondere, dass man sich zu dem Text selbst Notizen machen sollte. Für eine Aussage, die einem nicht völlig offensichtlich erscheint, kann man sich zum Beispiel eine Begründung überlegen und aufschreiben oder eine Referenz suchen, wo sie näher erklärt wird. Hilfreich ist es auch, sich einfache Beispiele zu notieren, in denen eine noch zu begründende Aussage leicht oder zumindest leichter zu sehen ist. Das Minimalziel jedes analytischen Lesevorgangs muss sein, alle Textstellen zu identifizieren, die man *nicht* verstanden hat, und sich dazu eine konkrete Frage zu notieren, die man dem Lehrpersonal stellen könnte, um einen Klärungsprozess zu starten.

Analytisches Lesen lässt sich schon vor Studienbeginn trainieren, etwa an Sachbüchern oder Hintergrundsberichten zu hinreichend komplexen Themen, wie zum Beispiel Wirtschaft, Finanzen, Recht, Medizin, Ingenieur- oder Naturwissenschaften.

Die Beschreibung des Aufwands, der für analytisches Lesen erforderlich ist, weist schon in die Richtung, dass Studieren eine anstrengende und zeitaufwändige Tätigkeit ist (in Abschn. 3.4 gehe ich näher darauf ein). Das lässt sich mit den natürlichen Bedürfnissen junger Menschen nach Freizeitaktivitäten nur dann vereinbaren, wenn man die anfallenden Arbeiten einigermaßen effizient erledigt. Dazu gehört, dass man seine Zeit vernünftig einteilt und während der Arbeitsphasen *konzentriert* arbeitet.

Natürlich ist es ein großer Vorteil, wenn ein angehender Student Selbstorganisation und Zeitmanagement schon in der Oberstufe eingeübt hat. Im Studium wird mindestens derselbe Einsatz wie in der Abiturvorbereitung dauerhaft erwartet. Da sich im Mathematikstudium mangelnder Einsatz oder ineffiziente Arbeit schneller rächt als in den meisten anderen Fächern (siehe dazu auch die Abschnitte 3.4.1 und 3.2.9), ist gute Selbstorganisation und gutes Zeitmanagement von Anfang an entscheidend.

Ähnlich wie in der Frage des analytischen Lesens werden bei der Problematik der Umsetzung von Gedanken in Sprache die Besonderheiten der Mathematik erst klar, wenn man etwas näher hinschaut. Das Lösen mathematischer Probleme läuft nicht so formalisiert ab, wie es die Darstellung von Lösungen in geschriebenen Texten suggeriert. Analogien und Visualisierungen spielen dabei ebenso eine Rolle wie Rechnungen und logische Argumente. Alle diese Bausteine müssen am Ende in eine kohärente Gesamtargumentation integriert werden, die als Text dem analysierenden Leser die Rekonstruktion der Lösung erlaubt. Man lernt mathematische Texte zu schreiben, indem man vorhandene Texte nachahmt. Das beginnt mit dem Aufschreiben einer selbst gelösten Übungsaufgabe, wobei man den Aufschrieb von Musterlösungen nachahmt, und setzt sich fort in der schriftlichen Ausarbeitung eines Vortrags, den man im Seminar (typischerweise an der Tafel, siehe Abschn. 3.2.1) gehalten hat. Dabei orientiert man sich eher an dem Buchabschnitt oder dem Artikel, der dem Vortrag zugrunde lag (und zu dem man Details hinzugefügt hat). Der Lernprozess gipfelt in den Abschlussarbeiten, in denen man zum ersten Mal Information in der Form *wissenschaftliche mathematische Darstellung* präsentiert.

Die Produktion mathematischer Texte ist keine Arbeitstechnik, die man ins Studium mitbringen muss. Was man aber im Vorfeld trainieren kann und sollte, ist die *sorgfältige* und *vollständige* Präsentation von Lösungen mathematischer Aufgaben. Als Beispiel betrachten wir die Lösung einer Gleichung, die ein x enthält. Anstatt sie als Reihe von unkommentierten Zeilen mit Formeln zu präsentieren, deren letzte Zeile aus der Lösung „$x = \ldots$" besteht, sollte man die Bedeutung der vorkommenden Zeichen erklären und die logische Abhängigkeit zwischen den präsentierten Zeilen präzisieren. Dabei müssen alle Schlussfolgerungen begründet werden, etwa durch Referenzen auf verwendete Sätze oder Identitäten. Diese Art, die Lösung einer Gleichung zu präsentieren, entspricht nicht dem Schulalltag und kann für die dort verhandelten Gleichungen auch als übertrieben penibel bezeichnet werden. Sie ist aber ein gutes Training für komplexere Texte, in denen die einzelnen Schritte weniger offensichtlich und nicht vielfach eingeübt sind.

2.2   Weichenstellungen

Wenn man sich grundsätzlich für Mathematik als Studienfach entschieden hat, bleibt
immer noch die Frage für welche der angebotenen Studienrichtungen man sich ein-
schreiben will und an welcher Universität. Auch in diese Entscheidungen sollten die
Ergebnisse der Selbstbefragung (siehe Abschn. 1.1) einfließen. In diesem Abschnitt
erläutere ich kurz, worin sich Studienrichtungen und Studienorte unterscheiden
können.

2.2.1   Studienrichtung

Eine ganz grundsätzliche Entscheidung ist, ob man Mathematik für ein Lehramt studieren will oder als reines Fachstudium. Ein Lehramtsstudium bedeutet von vorne
herein ein zweites Fach und substantielle Studienanteile in den Bereichen Didak-
tik und Erziehungswissenschaft. Die Besonderheiten eines Lehramtsstudiums mit
Mathematik als einem der Fächer werden zum Beispiel in [8] diskutiert und sollen
hier nicht weiter thematisiert werden.

Es gibt an einigen Universitäten auch die Option, Mathematik als eines von
zwei gleichberechtigten Fächern zu studieren. Für solche Studiengänge und für
Studiengänge, in denen man Mathematik als Nebenfach studiert, ändern sich naturgemäß die Studienziele des Mathematikstudiums. Der allgemeinbildende Aspekt
tritt mehr in den Vordergrund. Viele ihrer Lehrveranstaltungen besuchen die Studenten solcher Studiengänge aber gemeinsam mit den Studenten der Hauptfach-
Mathematikstudiengänge. Damit passen viele Beschreibungen und Anregungen in
diesem Buch auch für diese Gruppe.

Mathematische Studiengänge werden hauptsächlich an Universitäten angeboten;
es gibt aber auch einige Angebote von Fachhochschulen. Die Fachhochschulstu-
diengänge sind stärker anwendungsorientiert und weniger standardisiert. Ich kann
auf diese Einzelangebote hier nicht näher eingehen und empfehle jedem, der solche
Angebote in Erwägung zieht, sich die jeweiligen Informationsmaterialien genau
anzusehen und miteinander zu vergleichen.

Die meisten Studienanfänger schreiben sich für das allgemeine Studienfach
Mathematik ein. Dazu muss man an allen deutschen Universitäten ein Nebenfach
wählen, wobei man aber große Auswahl hat. Ein klassisches Nebenfach ist die
Physik; seit vielen Jahren ist die Informatik ein besonders beliebtes Nebenfach.
Oft kommen auch die Wirtschaftswissenschaften vor. Es wird aber auch immer
wieder Philosophie, eine andere Naturwissenschaft, eine Ingenieurswissenschaft

oder auch Musik als Nebenfach gewählt. Wenn das gewünschte Nebenfach in einer Prüfungsordnung nicht explizit gelistet ist, muss das nicht heißen, dass man es nicht wählen kann. Auskunft dazu bekommt man von der Studienberatung des jeweiligen mathematischen Instituts/Fachbereichs. Allerdings gilt, je exotischer das Nebenfach, desto weniger abgestimmt sind die Studien- und Stundenpläne mit denen der Mathematik.

Der Zweck des Nebenfachs ist es, ein Fachgebiet kennen zu lernen, in dem Mathematik eine Rolle spielt. Damit soll exemplarisch die Grundlage für spätere interdisziplinäre Kommunikation und Kooperation gelegt werden. Bei der Auswahl der Studieninhalte im Nebenfach, die gerade bei den kleineren Nebenfächern ausgehandelt werden müssen, kann man Syneregieffekte mit dem Hauptfachstudium nutzen, wenn man möglichst mathematiknahe Bausteine wählt.

Da die wenigsten Studenten schon zu Beginn ihres Studiums ein dezidiertes Berufsziel haben, sollte man das Nebenfach nach Interesse wählen und nicht aufgrund von strategischen Überlegungen zu späteren Berufsaussichten.

Es gibt eine Reihe von mathematischen Studienangeboten mit a priori Spezialisierungen. Dazu zählen zum Beispiel die Studienfächer *Technomathematik, Wirtschaftsmathematik, Statistik, Data Science, Finanzmathematik* und *Versicherungsmathematik*. Die Art der Spezialisierung wird durch den Namen schon angedeutet. Allerdings ist dadurch noch nichts darüber gesagt, auf welchem fachlichen Niveau die jeweilige Spezialisierung betrieben wird. Dazu muss man in die Studienprogramme der jeweiligen Studiengänge schauen (siehe auch Abschn. 3.2.7). Grundsätzlich ist zu sagen, dass sich die spezialisierten Studiengänge eher an Leute richten, die Mathematik anwenden wollen und auch schon wissen, in welchem Themenfeld sie sich später bewegen möchten. Wer solche klaren Vorlieben bei sich noch nicht entdeckt hat, ist besser beraten, einen nicht spezialisierten Studiengang zu wählen und sich erst im Laufe des Studiums stärker zu spezialisieren.

Die Einführung des Bologna-Systems[2] und parallel dazu die Nivellierung von Universitäten und Fachhochschulen hat zu einem gewissen Wildwuchs an spezialisierten Studienangeboten mit einem hohen Anteil von mathematischen Inhalten geführt. Das gilt für Studiengänge sowohl im Bachelor- als auch im Masterbereich, und zwar an Universitäten und an Fachhochschulen gleichermaßen. Ich will hier nicht versuchen, eine vollständige Liste zusammenzustellen. Mein Ratschlag wäre, sich die Studienpläne von solchen exotischen Studienfächern sehr

---

[2]Benannt nach einer 1999 in Bologna unterzeichneten Erklärung der europäischen Bildungsminister, die die einheitliche Aufteilung des Studiums in zwei Stufen (Bachelor/Master) in Gang setzte.

genau anzusehen und mit den Studienangeboten der herkömmlichen Studienfächer
zu vergleichen.

2.2.2 Studienort

Da die Grundausbildung in Mathematik an allen deutschen Universitäten ein solides
Niveau hat, ist die Wahl des Studienorts zumindest für den ersten Ausbildungsab-
schnitt eher eine Frage nach den persönlichen Präferenzen. Es macht einen deutli-
chen Unterschied, ob man an einer Großstadtuniversität mit auf die Innenstadt ver-
teilten Instituten studiert, an einer Traditionsuniversität in einer alten Residenzstadt
oder an einer Campus-Universität im Grünen. Neben dem städtischen Umfeld spielen die Studentenzahlen und Betreuungsverhältnisse (im Fach und ganz allgemein)
eine wichtige Rolle, aber auch das Selbstverständnis des jeweiligen Fachbereichs.
Auf einige dieser Charakteristika gehe ich in diesem Abschnitt näher ein, damit der
Leser abwägen kann, wie er Vor- und Nachteile solcher Standortfaktoren für sich
persönlich gewichten will.

Mathematische Institute an großen Universitäten sind in der Regel vergleichsweise groß, weil sie typischerweise auch mehr Aufgaben im Servicebereich für
andere Fächer haben. Dabei wirken sich Studentenzahlen auf die Anzahl der Lehr-
personen nicht so unmittelbar aus. Auch bei geringen Studentenzahlen, kann eine
Mindestanzahl von Professoren nicht unterschritten werden, ohne den Studiengang
per se zu gefährden. Bei hohen Studentenzahlen werden zuerst Kursgrößen in den
Vorlesungen erhöht. Zusätzliches Personal gibt es dann zunächst nur im Bereich
der studentischen Hilfskräfte. Aus diesen Gründen ist das Betreuungsverhältnis
an kleinen Universitäten mit relativ wenigen Studenten in der Regel besser als an
großen Universitäten. Andererseits ist das Vorlesungsangebot an großen Universitäten reichhaltiger. Das betrifft in erster Linie die Spezialvorlesungen; die Grund-
veranstaltungen werden überall angeboten.

Standort, Größe und Renommee einer Universität spielen auch für die Anzahl
und die Attraktivität der internationalen Austauschprogramme eine Rolle. Wer sich
grundsätzlich für einen Auslandsaufenthalt interessiert, sollte auf den Internet-
Seiten des Auslandsamts (International Office) der jeweiligen Universität recher-
chieren, welche Programme für einen gebührenfreien Auslandsaufenthalt angeboten
werden.

Niedrige Studentenzahlen ermöglichen mehr individuelle Förderung. Die Studenten bekommen leichter Kontakt zu den Dozenten und Hilfskraftstellen. Der
Leistungsdruck für Studenten, die sich ernsthaft bemühen, nimmt etwas ab, weil
die Dozenten ein besonders starkes Interesse daran haben, unnötige Studienabbrü-

che zu vermeiden. Umgekehrt sehen sich Studenten, die gerne „unter dem Radar" fliegen und sich aus dem Lehrbetrieb ausklinken, stärker kontrolliert. Sie werden schneller erkannt und angesprochen.

Neben der Größe und den Studentenzahlen spielt auch das wissenschaftliche Renommee des Instituts eine Rolle. Je angesehener ein Institut in der Forschung ist, desto attraktiver ist es für den wissenschaftlichen Nachwuchs. Das zeigt sich zum Beispiel am Anteil der Studenten, die schon als Schüler an hochrangigen mathematischen Wettbewerben wie dem Bundeswettbewerb Mathematik und nationalen oder internationalen Mathematik-Olympiaden teilgenommen und sich dabei nicht selten zu einem gemeinsamen Studium an bestimmten Universitäten verabredet haben. Das durchschnittliche Leistungsniveau ist auf allen Karrierestufen an Spitzeninstituten etwas höher als anderswo. Das führt einerseits zu (zum Teil massivem) Leistungswettbewerb innerhalb der Studentenschaft, andererseits zu einem besonders attraktiven Lehrangebot im Bereich der Spezialvorlesungen und Oberseminare, die auf spätere Forschungstätigkeiten vorbereiten. Es bilden sich Netzwerke, die jahrzehntelang Bestand haben können. Hochtalentierte Spätzünder sind oft besser beraten, erst nach einer soliden Grundausbildung an einem „normalen" Institut an ein solches Spitzeninstitut[3] zu wechseln.

Für Abiturienten ist die Forschungsqualität eines Instituts natürlich nicht direkt einzuschätzen. Wem dieser Punkt wichtig ist, der muss sich an indirekte Indikatoren halten, wie zum Beispiel Existenz von Sonderforschungsbereichen oder anderen DFG-geförderten Projekten[4], die Anzahl der Publikationen, die Anzahl der ausländischen Gäste und Doktoranden. Alle diese Informationen kann man den Internet-Auftritten der Institute entnehmen.

Auch wenn es seit Einführung des Bologna-Systems mehr Ausdifferenzierung zwischen den Instituten gegeben hat, möchte ich nochmals betonen, dass das Bachelorstudium zumindest in den ersten zwei Jahren an den meisten Universitäten immer noch sehr vergleichbar ist. Außerdem sind nicht in allen mathematischen Fachgebieten die Spitzenkräfte an wenigen Instituten konzentriert. Man sollte sich im Laufe des Studiums die Option offenhalten dorthin zu wechseln, wo das Gebiet gut besetzt ist, das einen am meisten interessiert. Wegen der stärkeren Verschulung und Reglementierung im Bologna-System ist der Studienortwechsel innerhalb eines Studienabschnitts eher schwieriger geworden, aber nach dem Bachelor gibt es zumindest keine bürokratischen Probleme.

---

[3]In der reinen Mathematik wird Bonn einhellig als das renommierteste Institut Deutschlands gesehen, die weitere Rangfolge oder auch die Rangfolge in der angewandten Mathematik ist weniger klar.

[4]DFG = Deutsche Forschungsgemeinschaft.

Studienablauf

3

Dieses Kapitel ist das Herzstück dieses Ratgebers. Ich beschreibe hier, wie ein Mathematikstudium konkret aussieht und welche Anforderungen es stellt.

3.1 Rahmenbedingungen

Der Studiumsverlauf im Fach Mathematik war von jeher gut strukturiert, mit klaren Zuordnungen von Veranstaltungen zu Studienjahren bzw. Abfolge von Veranstaltungen. Seit der Gültigkeit der Bologna-Strukturen ist der Studienablauf eher überreglementiert. Ein Studierverhalten außerhalb der Standardverlaufspläne führt oft dazu, dass erbrachte Leistungen nicht angerechnet werden können.

Die im Bologna-System vorgeschriebenen studienbegleitenden Prüfungen haben den Effekt, dass man Eingewöhnungsschwierigkeiten mit schwächeren Noten bis zum Bachelorabschlusszeugnis mitschleppt. Ein weiterer Effekt ist, dass es einen gewissen Druck gibt, Lehrveranstaltungen zu wählen, in denen gute Noten leichter zu haben sind. Dies wirkt sich negativ aus, weil es dazu führen kann, dass Studenten Lehrveranstaltungen nicht belegen, obwohl sie für ihre angestrebte Schwerpunktsetzung sehr sinnvoll wären.

Angesichts des leichten Zugangs zum Arbeitsmarkt und der Tatsache, dass der überwiegende Teil der Studenten nach dem Bachelorstudium noch einen Masterabschluss anstrebt, sollte man sich von enttäuschenden Noten in den ersten beiden Semestern nicht demotivieren lassen. Im weiteren Verlauf ist es besser, seinen Interessen zu folgen und nicht Noten-strategischen Überlegungen. Auf die Dauer erbringt man so die besseren Leistungen und hat außerdem mehr Freude am Studium.

J. Hilgert, *Mathematik studieren*, essentials,
https://doi.org/10.1007/978-3-658-31833-8_3

3.1.1 Organisation

Die Mathematik-Studiengänge sind in Deutschland relativ einheitlich strukturiert. Abweichungen in vorgesehenen Semester- oder Stundenverteilungen sind eher marginal. Ich beschreibe hier einen typischen Studiengang. Wie die Organisationsprinzipien in dem Studiengang umgesetzt sind, für den man sich eingeschrieben hat, kann man an den Studienverlaufsplänen und Prüfungsordnungen ablesen, die jedes Institut transparent im Internet zur Verfügung stellt. Solche Pläne und Ordnungen sind eine etwas trockene Lektüre, ich empfehle trotzdem jedem Erstsemester sich beides gleich zu Beginn des Studiums gründlich anzusehen.

Grundsätzlich ist das Studienjahr an den Universitäten[1] in zwei *Vorlesungszeiten* (im Alltagsjargon „Semester") von jeweils 15 Wochen und dazwischenliegende *vorlesungsfreie Zeiten* („Semesterferien") aufgeteilt. Die Zeiten variieren etwas, aber grob gesprochen geht das Wintersemester von Mitte Oktober bis Anfang Februar (zwei Wochen Weihnachtsferien) und das Sommersemester von Mitte April bis Mitte Juli.

Die Mehrzahl der Lehrveranstaltungen findet in den Semestern statt, die Mehrzahl der Prüfungen in den Semesterferien. Der Name Semesterferien ist in der Tat etwas irreführend. Zwar müssen alle Universitätsangehörigen (dazu zählen auch die Studenten) ihre Erholungsphasen in diese Zeit legen, aber sie können nicht die gesamten Semesterferien dafür verwenden. Studenten müssen sich in dieser Zeit auf Prüfungen vorbereiten, Seminarausarbeitungen oder Abschlussarbeiten anfertigen oder Praktika ableisten. Für das Lehrpersonal sind die Semesterferien die Zeit, in der es am intensivsten (weil relativ kontinuierlich) an seiner Forschung arbeiten kann. Insgesamt sollte man als Student nicht davon ausgehen, mehr als die 25 bis 30 Tage Urlaub im Jahr zu haben, die gleichaltrigen Beschäftigten in der Wirtschaft zustehen, auch wenn man viel mehr Freiheiten hat, sich seine Zeit einzuteilen.

Die erste Studienphase ist das *Bachelorstudium,* das normalerweise auf 6 Semester angelegt ist (Regelstudienzeit[2]). Lehrveranstaltungen sind in sogenannten *Modulen* zusammengefasst, für die es (im Internet verfügbare) Modulbeschreibungen zu Inhalt und Lernzielen gibt. Diese Modulbeschreibungen sind in der Regel eher kursorisch, um den Dozenten Raum für individuelle Gestaltung ihrer Kurse zu lassen. Prüfungen zu den Lehrveranstaltungen erfolgen studienbegleitend, das heißt

---

[1]Es gibt Ausnahmen, die mit Trimestern arbeiten. An Fachhochschulen ist das Trimestersystem weiter verbreitet.

[2]Die Studienzeit verlängert sich, wenn man weniger Kurse als im Studienplan angegeben belegt oder Kurse wiederholen muss. Man kann die Regelstudienzeit auch unterschreiten, das kommt aber viel seltener vor als die Überschreitung.

zeitnah zu den Lehrveranstaltungen (zum Beispiel in den anschließenden Semesterferien). Oft wird eine während der Lehrveranstaltung zu erbringende Leistung als Zugangsvoraussetzung für die Abschlussprüfung verlangt (zum Beispiel eine gewisse Anzahl von Punkten in den Hausaufgaben oder ein Portfolio). In den Prüfungsordnungen wird festgelegt, welche Module belegt werden müssen (Pflichtmodule) und welche Auswahlmöglichkeiten man hat (Wahlpflichtmodule). Hat man alle Pflicht- und Wahlpflichtmodule abgeschlossen und auch seine Abschlussarbeit geschrieben, werden die entsprechenden Leistungen (plus eine gewisse Anzahl von freiwilligen Leistungen, die man einbringen kann) in einem Zeugnis zusammengefasst und mit einer aus den Einzelleistungen berechneten Gesamtnote versehen. Der dazu verliehene akademische Grad ist der B.Sc. (Bachelor of Science).

Im Gegensatz zu den urspünglichen Intentionen der Bologna-Reform wird der B.Sc. in der Mathematik kaum als berufsqualifizierender Abschluss wahrgenommen (mehr dazu in Abschn. 3.6). Die meisten Absolventen absolvieren anschließend noch ein Masterstudium, um den akademischen Grad M.Sc. (Master of Science) zu erwerben.

Die meisten Masterprogramme sind auf 4 Semester angelegt, wobei in der Regel das letzte für das Schreiben der Abschlussarbeit gedacht ist. Grundsätzlich ist die Organisationsform die gleiche wie im Bachelorstudium, aber die viel geringeren Gruppengrößen in den einzelnen Lehrveranstaltungen lassen sehr viel mehr Flexibilität zu. Das gilt für Lehrformate ebenso wie für Lehrinhalte und Prüfungsformate.

3.1.2 Betreuungssituation

Der Betreuungsschüssel ist im Fachstudium Mathematik in der Regel weit günstiger als der durchschnittliche Betreuungsschlüssel der jeweiligen Universität. Das liegt daran, dass vergleichsweise wenige Leute ein Mathematikstudium aufnehmen, gleichzeitig aber sehr viele Fächer Ausbildungsanteile haben, die von Mathematikern übernommen werden müssen. Daher sind die Mathematischen Institute, gemessen an der Größe der Kohorten in den von ihnen verantworteten Studiengängen, vor allem an Technischen Universitäten, vergleichsweise groß.

Die absoluten Zahlen variieren aber stark von Universität zu Universität. Anfängerveranstaltungen wie die Analysis oder die Lineare Algebra können an großen Universitäten bis zu 450 Hörer haben, noch mehr, wenn sie gemeinsam für mehrere verwandte Studiengänge angeboten werden (zum Beispiel Informatik, Physik oder auch das gymnasiale Lehramt). An kleineren Universitäten gibt es auch Anfängervorlesungen mit weniger als 50 Teilnehmern.

Im Laufe des Studiums gehen die Teilnehmerzahlen schnell zurück. Im Masterbereich liegen sie selten über 30, oft sind sie nur einstellig.

Neben den großen Veranstaltungen (Vorlesungen, siehe Abschn. 3.2.1) gibt es
von Anfang an diesen Veranstaltungen zugeordnete kleinere Lehrformate (Übungen
und Tutorien, siehe Abschn. 3.2.3), die auf maximal 20–25 Teilnehmer begrenzt
sind und eine individuelle Betreuung erlauben. Allerdings werden diese Formate
selten von Dozenten, manchmal von Mitarbeitern und meistens von studentischen
Hilfskräften betreut.

3.1.3   Soziales Umfeld

Die Kohorten vom Studienanfang lösen sich aufgrund der unterschiedlichen Studier-
geschwindigkeiten schon während des Bachelor-Studiums auf. Die Kleingruppen-
zusammensetzung hängt so stark von individuellen Stundenplänen und Vorlieben
der Hörer ab, dass sie von Semester zu Semester variiert. Es gibt also keine festen
„Klassenverbände". Dagegen bilden sich häufig Lerngruppen, die auch über längere
Zeit stabil sind und als *peer group* angesehen werden können.

Im Fachstudium Mathematik gibt es nach wie vor mehr männliche als weibliche
Studenten, im Lehramt Mathematik ist es umgekehrt. Die Ungleichverteilung ist
aber weit weniger deutlich als in den Ingenieur- oder Kulturwissenschaften.

Frauen sind unter den Professoren, auch unter den Mathematikprofessoren, unter-
repräsentiert. Ein wichtiger Grund dafür ist, dass der Wettbewerb um permanente
(d. h. nicht befristete) Stellen an den Hochschulen sehr hart ist. Solche Stellen erreichen Bewerber im deutschen System normalerweise erst im Alter von Mitte 30, oft
erst Anfang 40. Der wichtigste einzelne Einstellungsparameter ist die Forschungs-
leistung. Da Kinder immer, auch bei guten Betreuungsangeboten, viel Energie der
Eltern beanspruchen, sind eine akademische Karriere und Kinder nur unter Mühen
und Verzicht auf Freizeit miteinander vereinbar. Frauen, die ihren Kinderwunsch
im Vergleich zu Männern weniger weit in die Zukunft schieben können, sind daher
strukturell benachteiligt. Diese Benachteiligung verstärkt sich mit fehlenden Angeboten guter Kinderbetreuung.

Unter den studentischen Hilfskräften und Mitarbeitern liegt die Geschlechterverteilung deutlich näher an der Geschlechterverteilung unter den Studenten.

3.1.4   Auslandsaufenthalte

Auslandsaufenthalte eröffnen sehr attraktive Möglichkeiten der fachlichen und persönlichen Weiterentwicklung und sollten daher von jedem Studenten in Erwägung gezogen werden. Das gilt auch dann, wenn ein Auslandsaufenthalt tendenziell studienzeitverlängernd wirkt. Zu Studienbeginn sind Auslandsaufenthalte natürlich kein zentrales Thema. Bei einer Gesamtstudiendauer von nur drei Jahren (bis zum ersten Abschluss) ist aber zu empfehlen, sich möglichst frühzeitig Gedanken dazu zu machen.

Für Mathematiker sind Auslandsaufenthalte relativ leicht zu organisieren, weil die Mathematik keine regionalen Ausprägungen hat. Allenfalls gibt es durch lokale Besonderheiten (vor allem prägende Wissenschaftler und Schulen) bedingte Stärken oder Lücken in der Bearbeitung bestimmter Themengebiete. Auch Anerkennungsfragen lassen sich vergleichsweise leicht lösen, weil das Niveau eines Kurses aus Kursbeschreibungen recht zuverlässig abgelesen werden kann.

Hindernisse bestehen hauptsächlich in fehlenden Sprachkenntnissen, weil nicht in allen Ländern, in denen es höchst attraktive mathematische Angebote gibt, auch auf Englisch[3] unterrichtet wird (das gilt zum Beispiel für Frankreich, Russland oder Japan). Alle deutschen Universitäten bieten kostenlose Sprachkurse an. Der Erwerb von zusätzlichen Sprachkenntnissen ist aber langwierig und muss frühzeitig angegangen werden.

Aufenthalte in den USA oder Großbritannien zu organisieren, ist wegen der hohen Studiengebühren schwieriger als innerhalb der EU, wo es mehr institutionalisierte Austauschrahmenprogramme gibt. Da die meisten Mathematikprofessoren international gut vernetzt sind, empfehle ich neben den zuständigen Auslandsämtern auch Dozenten direkt anzusprechen, wenn man einen Auslandsaufenthalt anstrebt.

3.2   Lehr- und Lernformate

In diesem Abschnitt erläutere ich die im Mathematikstudium üblichen Lehr- und Lehrformate. Dabei kann ich auf experimentelle Lehrformen, von denen es etliche gibt, und die auch in unterschiedlichen Formen immer wieder ausprobiert werden (auch von mir), nicht systematisch eingehen. Der Corona-Shutdown im Sommersemester 2020 hat der Entwicklung alternativer Formate einen kräftigen Schub

---

[3]Englischkenntnisse werden vorausgesetzt. Zu vielen fortgeschrittenen Themen ist praktisch die gesamte Fachliteratur nur in Englisch verfügbar. Angesichts internationaler Studienangebote erhöht sich auch laufend der Anteil an Lehrveranstaltungen, die (nur) auf Englisch angeboten werden.

gegeben, der sich mittelfristig auch auf die Standardangebote auswirken wird. Dass er einen kompletten Paradigmenwechsel auslöst, bezweifle ich allerdings.

3.2.1 Vorlesungen

Vorlesungen sind nach wie vor die zentrale Vermittlungsform mathematischer Inhalte im Mathematikstudium. Der Name Vorlesung ist etwas irreführend, denn es wird kein Text vorgelesen, sondern die Inhalte werden visuell präsentiert und dazu mündlich kommentiert. Die Art der Präsentation variiert. Im Gegensatz zu den meisten anderen Fächern gibt es unter Mathematikern immer noch eine starke Präferenz für die Kreidetafel, auf die sie ihren Text schreiben, in der Erwartung, dass die Hörer (das heißt die anwesenden Studenten) ihn mitschreiben. Dafür gibt es mehrere Gründe:

- Die kondensierte Fachsprache der Mathematik erlaubt es, den gesamten Inhalt einer 90 minütigen Lehreinheit auf 4 bis 6 handbeschriebenen DIN A4-Seiten festzuhalten.
- Das Aufschreiben in Echtzeit zwingt dazu, die Inhalte so langsam zu präsentieren, dass tatsächlich jeder Satzteil und jede Formel kommentiert werden können.
- Ordentlich ausgestattete Hörsäle verfügen über mehrere großformatige Tafeln, sodass während der Vorlesung Verweise auf vorher Geschriebenes jederzeit möglich sind. Solche Verweise sind in mathematischen Inhalten, die ja oft aus längeren Begründungsketten mit Verweisen auf neu eingeführte Begriffe bestehen, für das Verständnis unerlässlich.
- Das Mitschreiben zwingt die Hörer dazu, bei der Sache zu bleiben und nicht gedanklich abzuschweifen. Außerdem scheinen sich eigenhändig mitgeschriebene Texte im Gedächtnis besser festzusetzen.
- Die Tafel erlaubt maximale Flexibilität auf Hörerreaktionen. Man kann jederzeit zusätzliche Beispiele, Anwendungen oder Querverbindungen erläutern und diese Erläuterungen auch schriftlich fixieren.

Obwohl die Präsentation des Materials über Projektoren den Vorteil hat, dass man während der Präsentation die Zuhörer im Blick hat, wird sie von den meisten Dozenten noch als Notlösung gesehen, auf die man zurückgreift, wenn die Tafeln, gemessen am Abstand von den hinteren Reihen des Hörsaals, zu klein sind. Das wird sich wahrscheinlich ändern, wenn die Hörsäle mit großflächigen Bildschirmen ausgestattet sind, für die man mithilfe von Tablet-Lösungen die Vorteile des Tafelanschriebs mit den diversen Vorteilen einer Beamerpräsentation (neben der Sicht auf die Hörerschaft, zum Beispiel die Möglichkeit animierte Bilder einzuspielen oder Auswertungsprogramme in Echtzeit laufen zu lassen) kombinieren kann.

Viele Dozenten geben zu ihren Vorlesungen Skripten heraus. Manche tun das erst am Ende der Veranstaltung, weil sie möchten, dass die Studenten eine eigene Mitschrift anfertigen. Das Skript sehen sie nur als Hilfe für die Studenten, die eigenen Mitschriften gegebenenfalls nachzubessern. Andere geben die Skripten schon vorher heraus, damit die Studenten nicht mitschreiben müssen, sondern sich beim Mitlesen an der Tafel auf die mündlichen Erklärungen konzentrieren können.

Dass sich Dozenten überhaupt die Mühe machen, Skripten zu verfassen anstatt existierende Lehrbücher zu verwenden, liegt daran, dass viele Lehrbücher einfach mehr Stoff enthalten als im vorgegeben Zeitrahmen behandelt werden kann. Man muss als Dozent also eine Stoffauswahl treffen und dabei die Rahmenbedingungen beachten. Das können Modulhandbücher sein, die gewisse Inhalte festschreiben, oder auch die eigenen Überzeugungen, welche Inhalte auf jeden Fall behandelt werden sollten. Dies führt in der Regel dazu, dass nicht einfach einzelne Kapitel aus Lehrbüchern übernommen werden. Wenn ein Dozent sich ohnehin (oft sehr detaillierte) Notizen dazu macht, was er in einer Vorlesung präsentieren will, ist der Weg zu einem handgeschriebenen Skript nicht mehr so weit. Das Text- und Formelsatzprogramm LATEX, das weltweit seit etwa dreißig Jahren von der überwiegenden Mehrzahl aller Mathematiker (und Verleger mathematischer Texte) zur Erstellung mathematischer Texte verwendet wird, ist hinreichend komfortabel, um auch den letzten Schritt hin zum gedruckten Skript recht mühelos zu machen[4].

Vorlesungen der beschriebenen Art sind Frontalunterricht und als solcher seit Jahren unter heftigem Beschuss. Es gibt diverse Ansätze, die Lehrsituation aufzulockern. Einer davon ist „peer instruction". Hierbei diskutieren die Hörer zum Beispiel über Ja/Nein-Fragen des Dozenten mit ihren Nachbarn. Radikaler ist der Ansatz des „flipped classroom", bei dem die Hörer sich einen Text im Selbststudium erarbeiten müssen und in der eigentlichen Vorlesung anschließend nur noch über offene Fragen diskutiert wird. Ansätze dieser Art stehen und fallen mit der allgemeinen Verfügbarkeit standardisierter, zuverlässiger und leicht bedienbarer elektronischer Infrastruktur sowie der Bereitschaft aller Beteiligten sich *aktiv* einzubringen.

Vorlesungen sind im Vorlesungsverzeichnis mit ECTS-Punkten[5], oft auch einfach Leistungspunkte (LP) genannt, versehen. Laut KMK-Beschluss [16] soll dabei ein Leistungspunkt einem Arbeitsaufwand von 25 bis 30 Arbeitsstunden entspre-

---

[4]Gute LATEX-Kenntnisse zahlen sich für Studenten spätestens beim Schreiben von Abschlussarbeiten aus. Es ist empfehlenswert, sich gleich am Anfang des Studiums mit LATEX vertraut zu machen und es für Ausarbeitungen von Vorlesungsmitschriften und Seminarvorträgen einzusetzen.

[5]*European Credit Transfer System, Teil des Bologna-Systems.*

chen. Je nach Punktgewicht einer Vorlesung wird sie typischerweise mit zwei, drei oder vier Lehreinheiten à 45 min pro Woche während des Semesterbetriebs angesetzt. In den meisten Fällen werden zweistündige Vorlesungen einmal die Woche als 90-Minutenblock angeboten (mit der Option auf eine 15-min Pause in der Mitte). Dementsprechend bestehen vierstündige Vorlesungen in der Regel aus wöchentlich zwei solcher Blöcke. Auf den Arbeitsaufwand für eine solche Veranstaltung neben der reinen Anwesenheitszeit gehe ich in Abschn. 3.4.1 im Detail ein.

3.2.2 Aufgabenblätter

Mathematik ist keine Zuschauerdisziplin. Die in der Vorlesung vermittelten Inhalte müssen von den Studenten aktiv eingeübt werden. Andernfalls verfestigen sich die Kenntnisse nicht und können dann auch nicht abgerufen werden, wenn es erforderlich wäre.

Typischerweise werden zu jeder Vorlesung wöchentliche Aufgabenblätter herausgegeben. Die Aufgaben sind an den jeweiligen Stand der Vorlesung angepasst und haben eine vierfache Funktion:

- Unterstützung der Nacharbeit der Vorlesung durch die Notwendigkeit, Informationen in der Mitschrift zu suchen, die zur Lösung der Aufgaben gebraucht werden könnten
- Einübung von Beweis- und Rechentechniken
- Gelegenheit, selbst mathematische Inhalte zu formulieren und schriftlich zu fixieren
- Korrektiv zur Selbsteinschätzung des Verständnisses

Zumindest ein Teil der Aufgaben soll jede Woche zuhause von den Studenten eigenständig bearbeitet werden. Die Lösungen werden dann abgegeben und korrigiert. Oft ist das Erreichen einer Mindestpunktzahl nötig, um zur Abschlussklausur zugelassen zu werden.

Erfahrungsgemäß werden die gestellten Aufgaben von den meisten Studenten als schwer empfunden. Das gilt insbesondere für die Aufgaben, in denen nicht eine Rechentechnik oder eine Standard-Beweistechnik eingeübt werden soll, sondern in Texten nach Ideen für Beweisansätze gesucht werden muss. Es ist eher selten, dass jemand alle Aufgaben vollständig lösen kann. Das wird aber auch nicht erwartet. Man muss sich klar machen, dass nicht die Lösung der konkreten Aufgabe das Ziel des Prozesses ist, sondern die intensive gedankliche Auseinandersetzung mit den involvierten Begriffen und Aussagen. Auf den mit den Hausaufgaben verbundenen Arbeitsaufwand gehe ich in Abschn. 3.4.2 im Detail ein.

Für die Besprechung der Aufgaben gibt es unterschiedliche Ansätze: In manchen Veranstaltungen werden die Hausaufgaben in den Präsenzübungen (siehe Abschn. 3.2.3) besprochen. Manchmal gibt es in den Präsenzübungen aber auch Präsenzaufgaben, die die Studenten unter Anleitung eines Tutors bearbeiten und deren Bearbeitung als Vorbereitung für die Bearbeitung der Hausaufgaben gesehen wird. In diesem Fall werden die Hausaufgaben nicht gesondert besprochen, sondern nur Lösungsskizzen verfügbar gemacht, zu denen die Studenten in den Präsenzübungen natürlich auch noch Nachfragen stellen können.

3.2.3 Präsenzübungen/Tutorien

Präsenzübungen und Tutorien sind Lehrformate, die Vorlesungen zugeordnet sind, in denen aber die Lerngruppen auf maximal 20–25 Teilnehmer begrenzt sind. Im Rahmen dieser Lernformate geht es um die Bearbeitung von Aufgabenblättern. Eine klare Abgrenzung zwischen den Formaten Präsenzübung und Tutorium gibt es nicht, oftmals werden freiwillige Zusatzangebote als „Tutorium" neben die Präsenzübungen gestellt.

Es gibt unterschiedliche Gestaltungsformen für diese Lehrformate. Manche Dozenten lassen in ihren Präsenzübungen die Lösungen der Hausaufgaben besprechen. Manchmal werden Aufgaben von einem Mitarbeiter oder einer studentischen Hilfskraft einfach vorgerechnet, manchmal werden Lösungen eher in einer Art Unterrichtsgespräch an der Tafel entwickelt. Es gibt auch die Variante, dass Studenten ihre Lösungen an der Tafel vorstellen. Andere Dozenten sehen die Präsenzübungen als den Ort, an dem Studenten unter Anleitung exemplarisch Probleme lösen. Studenten bearbeiten dann in 3er- oder 4er-Gruppen Aufgaben, die sie noch nicht zuhause gelöst haben, und der Tutor (der Mitarbeiter, die studentische Hilfskraft oder auch der Dozent selbst) geht von Gruppe zu Gruppe, lässt sich die Lösungsansätze erklären und gibt gegebenenfalls Ratschläge für das weitere Vorgehen. In solchen Präsenzübungen werden oft Probleme bearbeitet, die dann in variierter Form als Hausaufgaben gestellt werden können. Die Lösungen zu den Hausaufgaben werden den Kursteilnehmern dann in nur Form mehr oder weniger ausführlich gestalteter Musterlösungen zugänglich gemacht. Wenn es Präsenzübungen *und* Tutorien gibt, lassen sich beide Varianten parallel realisieren.

Bisweilen werden zusätzliche Präsenzübungen als *Zentralübungen* für die gesamte Hörerschaft einer Vorlesung (nicht aufgeteilt in Kleingruppen) angeboten. In solchen Zentralübungen werden dann nur die Hausaufgaben vorgerechnet.

3.2.4 Seminare

In der Mathematik sind *Seminare* in der Regel Veranstaltungen, in denen Studenten Vorträge zu Themen halten, in die sie sich im Vorfeld des Seminars eingearbeitet haben. Seminare werden für unterschiedliche Studienphasen angeboten und heißen dann oft *Proseminare* (2.–4. Semester), *Hauptseminare* (5.–6. Semester oder Master) oder *Oberseminare* (ab Master, auch mit wissenschaftlichen Mitarbeitern und externen Gästen). In der Regel machen die Dozenten Themenvorschläge, die sie mit Blick auf das fachliche Niveau der Teilnehmer für angemessen halten. Je weiter die Teilnehmer fortgeschritten sind, desto mehr Mitsprache wird ihnen bei der Themenauswahl und -gestaltung eingeräumt. In Oberseminaren referieren oft Masterstudenten über ihre Abschlussarbeiten.

Neben dem fachlichen Anspruch gibt es weitere Aspekte, unter denen sich Seminare voneinander unterscheiden können. Der Dozent kann kann zum Beispiel Vorträge zu Einzelthemen verteilen, die inhaltlich und methodisch allenfalls lose zusammenhängen. Oder aber, er teilt ein Buchkapitel oder eine wissenschaftliche Arbeit zu einem Thema in einzelne Abschnitte auf, sodass sich eine Reihe von aufeinander aufbauenden Vorträgen ergibt. Beide Varianten haben Vor- und Nachteile. In der ersten verlieren Teilnehmer nicht den Anschluss, wenn ein Vortrag nicht gut war, neigen aber dazu, sich nur auf das eigene Thema ernsthaft einzulassen, bei der zweiten ist es umgekehrt.

Ein weiteres Unterscheidungsmerkmal ist, ob von den Teilnehmern eine schriftliche Ausarbeitung ihres Vortrags verlangt wird. Eine Ausarbeitung hat, abgesehen vom Arbeitsaufwand, den sie vom Studenten wie vom Dozenten verlangt, nur Vorteile. Wenn die Ausarbeitung vorab verlangt wird, schließt die Korrektur aus, dass sich während des Vortrags gravierende Fehler oder Verständnislücken auftun, die es den anderen Teilnehmern unmöglich machen, dem Vortrag mit Gewinn zu folgen. Schriftliche Ausarbeitungen sind neben den schriftlichen Hausaufgaben die einzigen Gelegenheiten, vor der Abschlussarbeit das Schreiben mathematischer Texte zu üben.

Seminare, insbesondere die Proseminare schon während des Bachelorstudiums, sind eine Besonderheit der deutschen Lehrpraxis, die sich sehr positiv auf die Kommunikationsfähigkeit auswirkt. Jungen Nachwuchswissenschaftlern, die in anderen Systemen ausgebildet wurden, merkt man die fehlende Übung in der Kommunikation ihrer Ergebnisse oft an.

3.2.5   Praktika und Projektarbeit

Im Studiengang Mathematik kommen Praktika im Modulhandbuch üblicherweise als Programmier- oder Modellierungspraktika vor. In Programmierpraktika wird zum Beispiel die Umsetzung von Algorithmen in lauffähige Computerprogramme oder der Umgang mit mathematischer Software geübt. Insbesondere geht es dabei darum, zu lernen, wie man in der Praxis verwendete Programmpakete einsetzt. In Modellierungspraktika arbeiten zumeist Kleingruppen an praxisnahen Projekten, erlernen dabei Modellierungstechniken und versuchen diese am Rechner umzusetzen. Die Gestaltung der Praktika geschieht in der Regel in enger Abstimmung mit den Lehrinhalten der angewandten Mathematik, insbesondere der Numerik, der Statistik und der Optimierung.

Industriepraktika oder zumindest Industrieprojekte, also Projekte die gemeinsam mit einem Partner aus der Industrie betreut werden, sind eher in den spezialisierten Studiengängen zu finden. Solche Projekte werden oft nicht von einzelnen Studenten bearbeitet, sondern in kleineren Projektgruppen.

Welche Arten von Praktika in einem Studiengang verpflichtend sind, ist den jeweiligen Prüfungsordnungen und Modellstudienplänen zu entnehmen. Industriekontakte, die auch in der Lehre eine Rolle spielen, sind normalerweise im Internet-Auftritt eines Instituts aufgeführt. Solche Kontakte aufzubauen und zu pflegen ist mühsam. Wer sie hat, wirbt in der Regel auch damit.

Neben den vorgeschriebenen Praktika können Studenten in den Semesterferien auch freiwillige Praktika in unterschiedlichsten Betrieben, Verwaltungen oder Organisationen machen. Ebenso wie Auslandsaufenthalte sind auch freiwillige Praktika sehr zu empfehlen. Manchmal lässt sich beides verbinden[6].

3.2.6   Informelle Formate

Neben den von der Universität in Studien- und Stundenplänen verankerten Lernformaten wie Vorlesungen, Seminaren und Übungen, sowie dem vom Lehrpersonal initiierten Lernformat Hausaufgaben, gibt es informelle, selbst organisierte Lernformate.

Das beliebteste informelle Lernformat ist die *Lerngruppe*. Kleinere Gruppen von Studenten finden sich während des Semesters zusammen, um gemeinsam an der Lösung von Hausaufgaben oder der Nacharbeit des Vorlesungsstoffes zu arbeiten.

---

[6]AISIEC (https://www.aiesec.de/praktika) ist zum Beispiel eine Organisation, die seit Jahrzehnten Auslandspraktika vermittelt.

Nach Semesterende treffen sich solche Gruppen oft, um sich gemeinsam auf die jeweiligen Prüfungen vorzubereiten.

Die Bildung von Lerngruppen wird von den Dozenten sehr gerne gesehen, da sie automatisch dazu führen, dass die aktiven Mitglieder sich darin üben, Fragen zum Stoff zu stellen und eigene Gedanken so auszuformulieren, dass die anderen Lerngruppenmitglieder die Fragen und Gedanken auch verstehen können. Im Optimalfall beteiligen sich alle Gruppenmitglieder an der Diskussion und am Ende hält jeder für sich in seinen eigenen Formulierungen (am besten schriftlich) das Arbeitsergebnis fest. Wenn sich schwächere Studenten auf Dauer nur an eine Leitfigur hängen und deren Beiträge wörtlich kopieren, ist das natürlich kein sinnvolles Lernformat.

Manchmal organisieren Studenten auch ihre eigenen „Seminare", in denen sie gemeinsam einen Text durchgehen, den sie verstehen möchten, oder sich ein Thema erarbeiten, das ihnen im Lehrangebot fehlt.

Neben Lerngruppen, die üblicherweise aus Mitgliedern vergleichbarer Leistungsstärke in derselben Studienphase bestehen, gibt es natürlich auch so etwas wie klassische Nachhilfe durch fortgeschrittenere Studenten.

3.2.7 Unterstützungsangebote

Die mathematischen Institute machen eine ganze Palette von Unterstützungsangeboten. Manche sind informeller Natur, manche in eigens eingerichteten Institutionen angesiedelt.

Schon vor Beginn des eigentlichen Studiums werden die sogenannten *Vorkurse* angeboten. Sie finden in den Semesterferien statt und richten sich an die Studienanfänger des folgenden Semesters. Es gibt unterschiedliche Konzepte zur inhaltlichen und didaktischen Gestaltung solcher Vorkurse, aber grundsätzlich geht es immer darum, die Schwierigkeiten des Übergangs zwischen Schul- und Universitätsmathematik abzumildern. Aber ob sie nun Schulstoff wiederholen oder Universitätsstoff propädeutisch vorbereiten, Vorkurse kranken alle daran, dass auch im Rahmen von mehrwöchigen Veranstaltungen nur input-orientierte Formate realisiert werden können. Die Probleme, die sich beim Studieneinstieg als wirklich gravierend herausstellen, wie zum Beispiel mangelnde Routine im Umgang mit Mittelstufentechniken, lassen sich so nicht beheben. Sinnvoll sind die Vorkurse trotzdem, vor allem für Leute, die eine gute Basis haben, aber eine Auffrischung brauchen, weil sie sich länger nicht mit mathematischen Inhalten beschäftigt haben.

Ein zweites Unterstützungsangebot, das vor Beginn der eigentlichen Lehrveranstaltungen stattfindet, ist die *Orientierungswoche*. Dabei werden die Studienanfänger in kleineren Gruppen herum geführt und mit den Einrichtungen der Universität von der Mensa bis zur Bibliothek vertraut gemacht. Außerdem geben fortgeschrittene Studenten und Mitarbeiter Tipps zur praktischen Gestaltung des Studiums. Meist stellen sich auch die Dozenten, die für die Anfängervorlesungen eingeteilt sind, den Neuankömmlingen vor.

Ein im Prinzip sehr niedrigschwelliges Angebot, das aus falscher Scheu leider nicht ausreichend genutzt wird, ist die Möglichkeit bei inhaltlichen und organisatorischen Problemen direkt beim Lehrpersonal nachzufragen. Alle an einer Lehrveranstaltung beteiligten Personen, auch die Professoren, stehen für Nachfragen zur Verfügung. Manche richten dafür gesonderte regelmäßige Sprechstunden ein, andere haben ihre Bürotür für Fragesteller immer offen stehen, wieder andere vereinbaren Termine kurzfristig per E-Mail. Kurze Fragen lassen sich auch immer unmittelbar vor und nach den jeweiligen Präsenzveranstaltungen stellen.

Die Scheu, sich mit Fragen an das Lehrpersonal zu wenden, ist verständlich (niemand will sich blamieren), aber meiner Erfahrung nach überflüssig. *Jede* Frage, die sich aus einem Nacharbeitungsprozess wie in Abschn. 3.4.1 beschrieben ergibt, ist hoch willkommen. Wer nachfragt, demonstriert sein Interesse, das freut das Lehrpersonal. Mathematiker stoßen nicht so oft auf Leute, die etwas von Ihnen erklärt bekommen wollen. Wenn dann doch jemand kommt, dann wird der Bitte gerne entsprochen.

Eine alternative Anlaufstelle für Fragen sind die *Fachschaften.* Das sind studentische Interessensvertretungen, die sich innerhalb der einzelnen Fächer bilden und sich um verschiedenste studentische Belange kümmern. Man kann die Fachschaften als ein von Studenten organisiertes Unterstützungsangebot auffassen. Sie sind auf ehrenamtliches Engagement angewiesen und ein wichtiger Katalysator studentischer Mitbestimmung in allen Fragen universitären Lebens. Sie bieten aber auch ganz konkrete Hilfen an. Zum Beispiel sind es oft die Fachschaften, die die Orientierungswoche organisieren. Außerdem halten manche Fachschaften Klausurensammlungen oder Gedächtnisprüfungsprotokolle von mündlichen Prüfungen vor.

Eine institutionalisierte Anlaufstelle für Fragen ist die *Studienberatung.* In der Regel gibt es *zentrale* Studienberatungen, die man zu allgemeinen studentischen Problemen ansprechen kann[7] und *Fachstudienberatungen,* die in den Instituten oder Fakultäten angesiedelt sind. Die Fachstudienberatung kann man zum Beispiel ansprechen, wenn man sich nicht sicher ist, ob die anvisierte Kurszusammenstellung inhaltlich sinnvoll oder mit der Prüfungsordnung verträglich ist.

---

[7]Die Spanne der Themen ist sehr breit. Sie reicht von bürokratischen bis zu psychologischen Problemen.

Ein weiteres institutionalisiertes Unterstützungsangebot, das zunehmend Verbreitung findet, sind die sogenannten *Lernzentren*. Das sind Einrichtungen der einzelnen Fächer, in denen Arbeitsplätze für Lerngruppen und qualifiziertes Personal zur Beantwortung von Fragen bereit stehen. An manchen Orten handelt es sich bei dem Personal um wissenschaftliche Mitarbeiter und Professoren, die jeweils ein oder zwei Stunden wöchentlich vor Ort sind. Anderswo werden studentische Hilfskräfte beschäftigt, insbesondere solche, die in den Übungsbetrieb zu den großen Kursvorlesungen involviert sind und daher bei den anstehenden Aufgaben Hilfestellung geben können. Je nach personeller Ausstattung organisieren solche Lernzentren auch Workshops zu studienrelevanten Arbeitstechniken wie der Bearbeitung von Aufgabenblättern, dem Schreiben von Seminarausarbeitungen und Abschlussarbeiten oder dem Halten von Vorträgen.

3.2.8 Gestaltungsmöglichkeiten

Es wird allgemein unterschätzt, welche Gestaltungsmöglichkeiten Studenten im Mathematikstudium haben. Die Rolle der Fachschaften habe ich in Abschn. 3.2.7 schon kurz erwähnt. Sie sind für die Institute der wichtigste Ansprechpartner, wenn es um die Besetzung studentischer Vertreter in Gremien und Kommissionen geht. Der studentische Einfluss auf strukturelle und personelle die Lehre betreffende Entscheidungen[8] in den Gremien ist durchaus bedeutend.

Aber auch Einzelne oder kleine Gruppen können sich aktiv in die Gestaltung der Lehre einzubringen. Natürlich haben die Dozenten einen enormen Erfahrungsvorsprung und reagieren daher auf Vorschläge oft mit sachlichen Einwänden. Wie ich aus unzähligen Diskussionen am Mittagstisch, in Kaffeerunden und in Kommissionssitzungen weiß, ist die überwiegende Zahl der Mathematikdozenten aber sehr an einer Verbesserung der Lehre interessiert und bereit, vielversprechende Vorschläge auch aufzugreifen. Besonders erfolgversprechend sind studentische Vorschläge für die Gestaltung von Übungen und Vorlesungen. In den fortgeschritten Lehrveranstaltungen gehen Dozenten aber normalerweise auch gerne auf inhaltliche Wünsche der Kursteilnehmer ein.

---

[8]Dazu gehört auch die Besetzung von Professuren.

3.2.9   Den Anschluss verpasst, was dann?

Erfahrungsgemäß stellt in jeder Anfängervorlesung eine größere Zahl von Studenten in der 6. oder 7. Semesterwoche den Vorlesungsbesuch und die Hausaufgabenabgabe ein. Fast nie schließen diese Kursteilnehmer am Ende des Semesters die Veranstaltung erfolgreich ab.

Neben grundsätzlichen Ursachen wie mangelnder Eignung für das Studienfach oder der Enttäuschung von (falschen) Erwartungen liegt dieses frühe Scheitern oft daran, dass die Studenten nicht den nötigen Arbeitseinsatz zeigen oder aber ineffizient arbeiten. Daher geben die Dozenten der Erstsemestervorlesungen in der Orientierungswoche und vor Beginn des eigentlichen Kurses in aller Regel ausführliche Hinweise zum nötigen Arbeitsaufwand und oft auch zu Arbeitstechniken.

Nach meiner Erfahrung, zum Beispiel aus Initiativen zum Qualitätsmanagement, dringt man mit solchen Vorabhinweisen kaum durch. Es gibt keine gesicherten Erkenntnisse darüber, warum das so ist[9], aber Gespräche mit Studenten lassen vermuten, dass diese Hinweise nicht ernst genommen werden, weil sich frühere Warnungen im Kontext von Schulform- und Stufenwechseln sich aus Sicht der (in der Regel leistungsstarken) Schüler als übertrieben herausgestellt haben. Dazu kommt, dass gerade zu Studienbeginn viel Neues ansteht und die Studieninhalte zu spät in den Fokus genommen werden. Ein weiterer Grund, der eine gewisse Rolle zu spielen scheint, ist die Option, Kurse mehrfach zu wiederholen und dabei auf eine leichtere Variante (bei einem anderen Dozenten) zu hoffen.

In einem laufenden Semester den Anschluss wieder zu finden, den man nach wenigen Wochen verloren hat, ist sehr schwer. Im Wintersemester gibt es eine kleine Chance, weil in den zwei Wochen Weihnachtspause kein neuer Stoff dazu kommt. Es ist eine enorme Herausforderung, über die Feiertage den Stoff alleine nachzuholen, den man sich während der Vorlesungszeit trotz diverser Unterstützungsmaßnahmen nicht aneignen konnte.

Oft treten solche Probleme nicht nur in einer Vorlesung auf, sondern gleichzeitig in mehreren Vorlesungen. In so einem Fall sollte sich der Student mit den jeweiligen Dozenten kurzschließen und sich beraten lassen, in welchem Kurs die Gliederung des Lernstoffes (zum Beispiel auf Grund von Themenwechseln) einen Wiedereinstieg am ehesten erlaubt, und sich dann auf diese Kurse beschränken. Die anderen Kurse müssen dann zu einem späteren Zeitpunkt nachgeholt werden. Sinnvoll ist das Ganze natürlich nur, wenn man von da an vollen Arbeitseinsatz mitbringt.

---

[9]Nicht zuletzt, weil dringend gebrauchte Längsschnittstudien zum Thema Studienfachwechsel und Studienabbruch unter den gegenwärtigen Datenschutzrichtlinien nicht sinnvoll durchführbar sind.

Manchmal liegt der Grund für die mangelnde Mitarbeit in einem Kurs auch darin, dass der Stoff oder der Dozent den Studenten einfach nicht angesprochen haben. Auch in diesen Fällen sollte man sich auf die Kurse konzentrieren, in denen man noch erfolgreich mitarbeiten kann, und die anderen auf später verschieben. Die Reduktion der Kurslast während eines Semesters verlängert das Studium. Aus meiner Sicht ist das aber der bessere Weg[10] im Vergleich zu der oft zu beobachtenden Alternativstrategie „auf Lücke setzen". Diese besteht darin, sich vor der Klausur gezielt auf spezielle Typen von Routineaufgaben vorzubereiten und zu hoffen, dass die damit erzielten Punkte zum Bestehen der Klausur ausreichen. Wer auf Lücke setzt, wird in weiterführenden Kursen noch viel leichter abgehängt, weil dort verwendete Grundlagen fehlen.

3.3   Prüfungsformate

Von den vielen an Universitäten üblichen Prüfungsformaten werden in der Mathematik standardmäßig eigentlich nur zwei eingesetzt, nämlich Klausuren und mündliche Prüfungen[11]. Kolloquia, in denen die Prüflinge vor einer Zuhörergruppe etwas an der Tafel erklären oder „take home tests", also zuhause zu bearbeitende Aufgaben, sind Sonderformen, die nur hin und wieder vorkommen.

3.3.1   Klausuren

Die schriftlichen *Klausuren* sind das Standard-Prüfungsformat für große Kurse in den Anfangssemestern. Sie dauern üblicherweise zwischen 120 und 180 min, finden gegen Ende des Semesters oder in den Semesterferien statt und prüfen Aufgabentypen ab, wie sie in den Präsenz- und Hausübungen auch vorgekommen sind. Das heißt, die Klausuraufgaben sind in der Regel eine Mischung aus Rechen- und Beweisaufgaben. Welche Hilfsmittel zulässig sind, unterscheidet sich von Dozent zu Dozent. Manche Dozenten lassen gar keine Hilfsmittel zu, manche erlauben ein

---

[10]Leider werden Studenten durch die Laufzeitregeln des BAFöG eher davon abgehalten, einen solchen vernünftigen Weg einzuschlagen.
[11]Ich zähle Seminare hier nicht zu den Prüfungsformaten, auch wenn der Vortrag und ggf. die Seminarausarbeitung bewertet werden.

handbeschriebenes DIN A4-Blatt[12], wieder andere lassen unbegrenzt Bücher und Mitschriften zu. Die Art der zulässigen Hilfsmittel hat natürlich einen Einfluss auf die Art der gestellten Aufgaben.

In vielen Kursen gibt es während des Semesters Probeklausuren, um die Teilnehmer mit dem geforderten Niveau vertraut zu machen und um ihnen zu helfen, den eigenen Leistungsstand einzuschätzen.

Nicht alle Typen von Übungsaufgaben eignen sich für Klausuren. Es werden nur Aufgaben eingesetzt, von denen man erwarten kann, dass sie im ersten Anlauf gelöst werden, nicht solche, die längeres Grübeln erfordern. Daher wird ein Dozent auf eine relativ enge Klasse von Aufgaben zurückgreifen, die geübt wurden und eine gewisse Standardisierung aufweisen. Das führt dazu, dass insbesondere leistungsschwächere Studenten sich oft mehr oder weniger ausschließlich anhand von Aufgabensammlungen mit Musterlösungen auf Klausuren vorbereiten. Wenn genügend viele der Klausuraufgaben zu den Typen gehören, auf die sie vorbereitet sind, kann das dazu führen, dass sie in der Tat die Klausur bestehen, ohne den eigentlichen Stoff verstanden zu haben. Langfristig schaden sie sich allerdings mit dieser Vorgehensweise, denn was man in den weiterführenden Kursen braucht, ist das Verständnis der in den Einführungskursen behandelten Konzepte und nicht eine Sammlung von Routineverfahren zur Lösung gewisser Typen von Übungsaufgaben.

Die für das Gesamtprojekt Mathematikstudium bessere Variante der Klausurvorbereitung ist das nochmalige Durcharbeiten des Stoffes, wobei man sein eigenes Verständnis kritisch hinterfragen sollte. Dazu kann man dann auch solche Übungsaufgaben noch einmal lösen, an deren Lösung man sich nicht mehr genau erinnert. Am besten, ohne die Musterlösungen zur Hand zu nehmen.

3.3.2 Mündliche Prüfungen

Der übliche Rahmen für eine *mündliche Prüfung* in der Mathematik ist die Kombination ein Prüfling, ein Prüfer und ein Beisitzer, der Protokoll führt. Manchmal sind auch zwei gleichberechtigte Prüfer vorgeschrieben, die sich dann in der Protokollführung abwechseln. Mündliche Prüfungen mit mehreren Prüflingen sind die

---

[12]Der Hintergedanke dabei ist, dass die Studenten bei der Klausurvorbereitung genau darüber nachdenken sollen, *welche* Inhalte sie notieren sollten.

Ausnahme. So etwas wird in der Mathematik eigentlich nur gemacht, wenn extrem viele Prüfungen abzuhalten sind[13].

Mündliche Prüfungen eignen sich sehr viel besser als Klausuren, um das inhaltliche Verständnis der Prüflinge zu testen. Wenn der Prüfer zum Beispiel nach einer Definition fragt und eine korrekte, aber nur auswendig gelernte Antwort bekommt, wird das anhand einer einzigen Nachfrage zu einem Beispiel für Prüfer und Prüfling klar. Umgekehrt kann bei zu unpräziser Formulierung durch Nachfragen herauskommen, dass die korrekte Definition dem Studenten tatsächlich bekannt ist.

In mündlichen Prüfungen werden normalerweise keine komplizierten Beweise abgefragt. Ein Prüfling muss üblicherweise auch keine Übungsaufgaben vorrechnen, sondern unter Beweis stellen, dass er Konzepte verstanden hat und dieses Verständnis an Beispielen demonstrieren kann. Daher geht es zum Beispiel darum zu zeigen, dass Beweistechniken eingesetzt und eingeordnet werden können.

Die Vorbereitung auf eine mündliche Prüfung kann nur im sorgfältigen Durcharbeiten des Stoffes (in Kombination mit der eigenständigen Lösung von Übungsaufgaben als Selbstkontrolle) bestehen. Diese Art der Vorbereitung ist für das weitere Studium sehr viel wertvoller als das gezielte Aufgabentraining vor Klausuren.

3.3.3   Erfolgsquoten

Die Erfolgsquoten in Mathematikprüfungen sind nicht so hoch, wie man es sich wünscht. Wie hoch genau, hängt von den Messmethoden ab. In einem Anfängerkurs hat man folgende Möglichkeiten nach der Erfolgsquote zu fragen:

- Wieviel Prozent der eingeschriebenen Teilnehmer bestehen die Abschlussklausur?
- Wieviel Prozent der zur Klausur zugelassenen Teilnehmer bestehen die Abschlussklausur?
- Wieviel Prozent der Teilnehmer, die die Abschlussklausur mitgeschrieben haben, bestehen die Abschlussklausur?
- Wieviel Prozent der zur Klausur zugelassenen Teilnehmer bestehen die Abschlussklausur spätestens beim zweiten Prüfungstermin?
- Wieviel Prozent der zur Klausur zugelassenen Teilnehmer bestehen irgendwann eine Abschlussklausur zu diesem Kurs?

---

[13]Normalerweise würde man das Prüfungsformat Klausur wählen, wenn viele Leute zu prüfen sind. Manchmal sind mündliche Prüfungen für gewisse Lehrveranstaltungen aber in der Prüfungsordnung vorgeschrieben.

Zu dieser Liste von muss man einige Erklärungen nachschieben. Normalerweise[14] gibt es zu jedem Kurs mit Abschlussklausur noch während derselben Semesterferien eine zweite Klausur. Klausurzulassungen für einen Kurs gelten üblicherweise auch für turnusmäßige Wiederholungen dieses Kurses.

Schon der Unterschied zwischen den Antworten auf die erste und die zweite Frage ist beträchtlich. In den letzten Jahren lag zum Beispiel in meinen Kursen die Abgabequote schon für das *erste* Übungsblatt im Schnitt nur etwa bei 70 % der eingeschriebenen Teilnehmer.

Nach diesen relativierenden Vorbemerkungen bleibt aber trotzdem festzuhalten, dass es immer wieder Anfängerkurse gibt, in denen mehr als die Hälfte der Klausurteilnehmer nicht die zum Bestehen erforderliche Punktzahl erreicht. Meist sind das 50 % (oder etwas weniger) der erreichbaren Punktzahl. Es gibt sicher eine Reihe unterschiedlicher Gründe für diese Quoten. Ich möchte hier nur einige Möglichkeiten anführen, die die Studenten selbst in der Hand haben, um ihre Erfolgschancen zu verbessern.

Wie in Abschn. 3.3.1 erläutert, sind Klausuraufgaben in gewissem Maße standardisiert und orientieren sich an den im Übungsbetrieb gerechneten Aufgaben. Es werden keine Aufgaben gestellt, für deren Lösung man einen nicht geübten Trick braucht oder deren Lösungen in ellenlangen Rechnungen besteht. Bei der Klausurvorbereitung sollten Studenten speziell die Aufgaben aus dem Übungsbetrieb, die *nicht* in diese Gruppe fallen, noch einmal *möglichst selbständig* lösen. Nur wenn man gar nicht weiter kommt, sollte man Musterlösungen konsultieren. Und dann auch nur einen kurzen Blick darauf werfen, um einen Hinweis zu finden, wie es weiter gehen könnte. Wer sich anhand von Musterlösungen vorbereitet, verschenkt die Möglichkeit, mit dem vorhandenen Material sinnvoll zu üben, und läuft Gefahr, schon von kleinen Variationen in der Aufgabenstellung aus der Bahn geworfen zu werden.

Die Erfahrung zeigt, dass viele Prüflinge in Klausuren durch banale Fehler in der Umstellung von Formeln oder der Logik von Aussagen auf eine falsche Spur gebracht werden. Gegen Schwächen in Mittelstufenalgebra und Aussagenlogik kann man in der akuten Klausurvorbereitungsphase nicht mehr viel tun, das muss schon während der Kursphase passieren. Dort fallen diese Schwächen oft nicht so auf, wenn die Lösungen in Lerngruppen erarbeitet und dann von den Einzelnen einfach übernommen werden. Um nachhaltig von einer Lerngruppe zu profitieren, sollte

---

[14]Fragen, wie die hier diskutierten, hängen von den jeweiligen Prüfungsordnungen und anderen hochschulinternen Vereinbarungen ab. Ich kann also keine Garantie dafür geben, dass sie überall gleich geregelt sind.

jeder die Arbeitsergebnisse *eigenständig* formulieren und zur Korrektur einreichen. Dann können Schwächen rechtzeitig erkannt und angegangen werden.

Die Erfolgsquoten in mündlichen Prüfungen sind im Schnitt höher als bei Klausuren, aber immer noch zu niedrig. Es zeigt sich oft ein erschreckendes Maß an fehlendem Verständnis der in dem abzuprüfenden Kurs diskutierten Konzepte. Die Gründe dafür sind sicher wieder vielfältig, aber ein wichtiger Grund ist fehlende[15] oder grundlegend falsche Vorbereitung auf solche Prüfungen.

Im Grunde ist eine effektive Vorbereitung auf eine mündliche Prüfung der gleiche Prozess wie die sorgfältige Nacharbeit der Lehrveranstaltung während des Semesters. Um Doppelungen zu vermeiden verweise ich hier auf die Beschreibung in Abschn. 3.4.1. Besonders betonen möchte ich in diesem Kontext aber die besondere Bedeutung von Beispielen. Um ähnliche, aber unterschiedliche Konzepte voneinander abgrenzen zu können, ist es wichtig, Beispiele zu kennen, an denen die Unterschiede augenfällig werden[16]. Normalerweise liefern die Vorlesungen solche abgrenzenden Beispiele, aber selbst wenn das einmal nicht der Fall sein sollte, muss man im Zuge der Prüfungsvorbereitung versuchen, solche Beispiele für die relevanten Konzepte zu finden (in der Literatur, im Internet, durch Nachfragen etc.).

Je weiter das Studium fortschreitet, desto weniger virulent ist das Problem niedriger Erfolgsquoten. Das hat natürlich auch damit zu tun, dass viele Leute, die die Hürden am Anfang nicht genommen haben, das Studium abbrechen. Auch von den älteren Studenten, die durch Prüfungen fallen, sind die meisten solche, die eine der frühen Prüfungen vielfach verschoben haben und am Ende doch an einer früh im Studium vorgesehen Prüfung scheitern.

3.4   Arbeitsaufwand und Arbeitstechniken

Der Arbeitsaufwand, den man in ein erfolgreiches Mathematikstudium investieren muss, ist beträchtlich. Man sollte davon ausgehen, dass etwa 40 h konzentrierte Arbeit pro Woche für die verschiedenen regelmäßig anfallenden Tätigkeiten erforderlich sind, um in Regelstudienzeit abzuschließen. Eine Studie aus dem Jahr 2011 [14] zeigte, dass die Studenten ihre erbrachte Arbeitsleistung deutlich zu hoch einschätzen, was nicht zuletzt daran lag, dass auch Tätigkeiten als Arbeit gerechnet

---

[15]Dass Studenten unvorbereitet in Prüfungen gehen, liegt unter anderem daran, dass es leicht ist, Prüfungen nahezu beliebig oft zu wiederholen – und sei es mithilfe von Tricks wie dem wiederholten Wechsel von Studienfachrichtungen. Dies verleitet dazu, es „einfach mal zu probieren".

[16]Zum Beispiel sollte man Beispiele für eine Funktion nennen können, die stetig, aber nicht gleichmäßig stetig ist.

wurden, die allenfalls partiell als Studienaktivität gerechnet werden konnten. Insgesamt erreichten in dieser Studie nur ganz wenige Teilnehmer einen Wert nahe 40 h pro Woche.

Es ist sinnlos, genaue Angaben zum erforderlichen Zeitaufwand für das Studium zu machen, solange man diese Angaben auf einzelne Personen beziehen will. Wie lange man für die Erledigung der unterschiedlichen anfallenden Arbeiten braucht, hängt nicht nur stark davon ab, wie organisiert man ist. Es hängt auch von der mathematischen Begabung ab. Es ist nicht davon auszugehen, dass alle Menschen gleich begabt für die Mathematik sind. Ebenso albern ist die Vorstellung, ein weniger ausgeprägtes räumliches Vorstellungsvermögen würde zwangsläufig durch eine Stärke in einem anderen Bereich wie Logik oder Formelgedächtnis ausgeglichen. Es gibt in Begabungsprofilen keine ausgleichende Gerechtigkeit. Es ist auch müßig zu spekulieren, ob solche Begabungsunterschiede angeboren oder erworben sind. Am Ende muss man akzeptieren, dass manche sich mehr anstrengen müssen, um ein bestimmtes Ziel zu erreichen, als andere. Die Erfahrung zeigt aber auch, dass es sehr wohl möglich ist, Begabungsunterschiede durch erhöhten Einsatz, gute Selbstorganisation und ausgefeilte Arbeitstechniken zumindest teilweise zu kompensieren. Das ist für die Mathematik nicht anders als im Sport oder in der Musik.

Je nach Selbstorganisation und Talent wird man also weniger oder mehr als den angesetzten Richtwert von 40 Arbeitsstunden pro Woche aufbringen müssen, um erfolgreich durch das Studium zu kommen. Die Erfahrung zeigt, dass mathematisch Hochbegabte die Zeiten allerdings nicht unterschreiten, sondern die gewonnene Zeit eher dazu nutzen, mehr als nur das Standardprogramm zu absolvieren, auch wenn sich das in den Abschlusszeugnissen nur als „freiwillige Zusatzleistung" dokumentieren lässt und nicht in die Gesamtbewertung eingehen darf.

In diesem Abschnitt beschreibe ich, welche Arbeiten im Einzelnen zu welchen Zeitpunkten anfallen und welchen Aufwand diese Arbeiten verursachen. Dazu gebe ich verschiedene Ratschläge, wie man sich diese Arbeiten etwas erleichtern kann.

3.4.1 Nacharbeit

In der Mathematik geht es um Strukturen und ihre Eigenschaften. Ausgangspunkte waren konkrete Objekte wie Zahlen oder geometrische Figuren, die man aus ganz praktischen Gründen betrachtete. Im Laufe der Jahrtausende hat sich daraus ein abstraktes Geflecht von Begriffen gebildet, mit denen sich sehr komplexe Situationen modellieren lassen. Da es sich in seiner Abstraktion weit von intuitiven

Einsichten entfernt hat, sind stichhaltige Begründungen, in der Regel *Beweise*[17] genannt, von zentraler Bedeutung.

In Mathematikvorlesungen werden solche Begriffsgeflechte und Begründungen für ihre Eigenschaften vorgestellt. Das geht nur unter Verwendung einer Fachsprache, die sich parallel zu den Objekten über eine lange Zeit entwickelt hat und die parallel zu den Objekten erlernt werden muss. Die resultierende Kommunikation ist sehr arm an Redundanz, und es erfordert ein hohes Maß an Konzentration, ihr zu folgen. Ist dem Zuhörer ein einzelner Begriff oder eine eingesetzte Schlussweise unbekannt, so kann das das Verständnis ganzer Passagen unmöglich machen.

Das Fehlen von Redundanz macht es anspruchsvoll, einer Mathematikvorlesung zu folgen. Auf der anderen Seite ist die Anzahl der in einer Vorlesung verwendeten Begriffe und Schlussweisen, zumal in den Anfängerveranstaltungen, sehr überschaubar. Die Hörer haben also die realistische Chance, nicht auf unbekannte Begriffe und Schlussweisen zu treffen, wenn sie den jeweils schon behandelten Stoff des Kurses präsent haben.

Die Mathematik wird im Studium nicht am Anfang aus ihren Grundlagen heraus entwickelt, denn diese sind subtil (siehe [9]). Vielmehr startet man von durch die Schulmathematik mit verlässlicher Intuition aufgeladenen Objekten wie den Zahlen und beginnt von dort mit dem Aufbau des mathematischen Beziehungsgeflechts. Dann allerdings findet eine ständige Erweiterung statt und *jeder*[18] Baustein, der einmal eingefügt wurde, wird wieder und wieder gebraucht.

Studenten, die als Schüler gut in Mathematik waren, können mit ihrem Schulwissen etwa drei Wochen den Anfängervorlesungen ohne Nacharbeit folgen, danach verlieren auch sie den Anschluss. Wer einmal den Anschluss verloren hat, verschwendet in den Vorlesungen seine Zeit. Effektiv ist die Lehrform Vorlesung nur für Studenten, die jede einzelne Vorlesung im Detail nacharbeiten und zwar *bevor* die nächste Vorlesung stattfindet. Ich liste einige zentralen Ziele der Nacharbeit eines Vorlesungsabschnitts gesondert auf:

● Präzise Kenntnis aller Definitionen, die in dem Abschnitt neu eingeführt oder benutzt wurden
● Kenntnis der wesentlichen Aussagen, die in dem Abschnitt bewiesen wurden

---

[17]Was genau man unter einem „Beweis" versteht, bedarf eigentlich einer ausführlichen Erläuterung. Ich möchte hier nicht auf inhaltliche Dinge näher eingehen, sondern verweise dafür auf [9].

[18]Das gilt nicht für Spezialvorlesungen, die für Fortgeschrittene angeboten werden. Aber in den Grundvorlesungen wird mit jeder Aktualisierung der Prüfungsordnungen und Modulhandbücher sorgfältig abgewogen, was man für absolut unverzichtbar hält. Das Ergebnis sind die gegenwärtigen Lehrpläne.

- Die Fähigkeit, die neuen Definitionen und Aussagen in der eigenen Mitschrift (ggf. im Skript) schnell zu lokalisieren
- Eine Selbsteinschätzung zu jedem Textbaustein (heruntergebrochen bis zu einzelnen Satzteilen), ob man sie versteht oder nicht
- Die Fähigkeit, zu jedem als nicht verstanden eingeschätzten Textbaustein eine konkrete Nachfrage stellen zu können

Zu einer Einschätzung des eigenen Verständnisses zu gelangen ist keine einfache Aufgabe. Hier sind ein paar Fragen, die man sich im Prozess dazu stellen kann:

- Kann ich den Textbaustein (z. B. eine Formel) paraphrasieren, das heißt, in eigenen Worten ausdrücken?
- Kann ich die logische Struktur des Textbausteins beschreiben (z. B. „Aussage A hat Aussage B zur Folge")?
- Kann ich zu beschriebenen Folgerungen angeben, warum sie gelten (z. B. „Nach Satz XY gilt $A \Rightarrow B$")?
- Wie würde ich den Textbaustein einem anderen Studenten erklären?

Diese Fragen kann man sich nicht nur zu einzelnen Textbausteinen stellen, sondern auch zu ganzen Textabschnitten, z. B. zum Beweis eines *Satzes*[19]. Für solche Textabschnitte kommen noch weitere Fragen hinzu:

- Kann ich formulieren, was die wesentlichen neuen Aspekte sind (z. B. die Beweisidee oder die Verwendung eines Begriffs/Satzes, den man vorher noch nicht zur Verfügung hatte)?
- Welche Rolle spielt der betrachtete Textabschnitt im Aufbau der Vorlesung[20] (z. B. „ist vorbereitend für ... ", „schließt das Thema ... ab", „stellt eine Verbindung her zu ..." etc.)?

Die Nacharbeit von Vorlesungen im eben beschriebenen Sinne ist eine aufwändige Arbeit, für die man mindestens so viel Zeit einplanen sollte, wie die eigentliche Vorlesung gedauert hat. Ich setze das 1, 5-fache der Vorlesungszeit als Zeitaufwand für die Nacharbeit an, möchte aber noch einmal unterstreichen, dass man mit dieser Zeit nur auskommen wird, wenn man sie *regelmäßig* nach *jeder* Vorlesung investiert und

---

[19]Ein „Satz" ist in der Mathematik eine Aussage, die man aufgrund einer stichhaltigen Begründung für richtig hält.

[20]Eine solche Einordnung wird normalerweise vom Dozenten während der Vorlesung mündlich gegeben. Ohne eine solche Hilfestellung erschließt sie sich dem Studenten erst nach Abschluss des entsprechenden Themenkomplexes.

dadurch den Vorlesungen selbst immer einigermaßen gut folgen kann. Insbesondere erhöht sich der Gesamtarbeitsaufwand automatisch, wenn man die Nacharbeit der Vorlesungen auf die Phase der Prüfungsvorbereitung verschiebt.

Die Beschreibung der Fragen gibt auch einen Hinweis darauf, warum Lehrformate wie der *flipped classroom* in der Praxis so schwierig umzusetzen sind. Die mündlichen Kommentare des Dozenten in der Vorlesung gehen genau in die angesprochene Richtung: Verbalisierung der Formeln, Paraphrasierung der geschriebenen Textbausteine, Betonung der zentralen Ideen, Einordnung des Materials in den gesamten Stoff der Vorlesung. Wenn man die Texte ohne diese Hilfestellungen vorweg lesen muss, ist die Aufgabe, konkrete Nachfragen zu den aufgetauchten Unklarheiten zu finden, deutlich anspruchsvoller.

3.4.2 Hausaufgaben

Am Ende der Nacharbeit, wie ich sie in Abschn. 3.4.1 beschrieben habe, steht eine Selbsteinschätzung zum Verständnis des Stoffes. Die Bearbeitung der Hausaufgaben liefert zu dieser Selbsteinschätzung ein Korrektiv.

Das Lösen mathematischer Übungsaufgaben ähnelt in gewisser Weise dem Überqueren eines Gebirgsbaches. Man steht am Ufer, sieht verschiedene Felsblöcke, Steine oder Baumstämme, auf die man steigen könnte, und versucht eine Reihe solcher Tritte finden, die es einem erlauben, ans andere Ufer zu kommen. Manchmal muss man am eigenen Ufer noch ein wenig nach Material (zum Beispiel Felsbrocken oder Stangenholz) suchen, das man im Bach platzieren kann, bevor einem die Überquerung gelingt. Das Bild lässt sich auch auf die mathematischen Forschung übertragen. Nur sind die Gewässer breiter und reißender, sodass man erst einmal umkehren und sich anderswo mit schwererem Gerät und Baumaterial versorgen muss, bevor man die Überquerung wagen kann.

Bei den Problemen, die im Übungsbetrieb des Mathematikstudiums gestellt werden, wird immer Sorge getragen, dass genügend Brocken und Stangen in der Nähe herumliegen, die es einem ermöglichen, ans Ziel zu gelangen. Das heißt nicht, dass es immer nur einen Weg gibt, der von vorne herein klar wäre. Die Hausaufgaben auf einem Übungsblatt zu lösen ist also keine mechanische Tätigkeit, die man einfach abarbeiten kann, sondern eine intellektuelle Anstrengung. Erst sichten, dann ausprobieren, eventuell umkehren und einen anderen Weg versuchen. In dem Bild von der Wegsuche unter Ausnutzung der Geländegegebenheiten sieht man auch, dass die Nacharbeit (der Vorlesung) eine wichtige Vorarbeit für die Problemlösung ist.

Der Problemlöseprozess ist nicht geradlinig und in der Regel auch nicht sehr übersichtlich. Es ist zu empfehlen, ihn in Etappen zu durchlaufen[21]. Notizen, die man sich während der Suche nach einer Lösung gemacht hat (und definitiv auch machen sollte), lassen sich nicht einfach zu einer fertigen Lösung hintereinander kleben. Wenn man einen gangbaren Weg identifiziert hat, muss man ihn klar dokumentieren. Das heißt, man muss die einzelnen Aussagen mit allen ihren Bestandteilen aufschreiben und jeweils angeben, mit welchen Schlüssen und Vorarbeiten man zur nächsten Aussage gelangt. Die Reihenfolge der Aussagen, über die man so von der Aufgabenstellung zur Lösung gelangt, ist in aller Regel eine andere, als die, in der man sie gefunden hat. Eine selbst gefundene mathematische Argumentationskette so aufzuschreiben, dass sie für andere einsichtig ist, ist nicht einfach und muss geübt werden.

Die Bearbeitung eines Aufgabenblattes erfordert in der Summe mehrere Stunden konzentrierter Arbeit. Die individuellen Unterschiede sind hier natürlich besonders groß, aber als Richtwert für ein Gesamtzeitmanagement kann man vielleicht den Zeitaufwand für die Nacharbeit nehmen, also die 1, 5-fache Vorlesungsdauer.

Der beschriebene Zeitaufwand mag im Vergleich zum Zeitaufwand im Leistungskurs Mathematik überhöht erscheinen. Er ist aber realistisch und unterstreicht den Unterschied zwischen Matheunterricht und Mathematikstudium.

3.4.3 Prüfungsvorbereitung

Wie man sich auf Klausuren und mündliche Prüfungen vorbereiten sollte, habe ich schon in den Abschn. 3.3.1 und 3.3.2 erklärt. Wie aufwändig die Prüfungsvorbereitung ist, hängt natürlich davon ab, ob man während des Semesters gewissenhaft mitgearbeitet hat. In diesem Fall sollte das nochmalige Durchgehen der Vorlesungsmitschrift nicht mehr als die eigentliche Vorlesungszeit ausmachen. Extrazeit muss man einplanen, wenn man die Gelegenheit nutzen will, die eigene Mitschrift durch ein Inhaltsverzeichnis und eventuell sogar einen Index zu komplettieren[22].

Die Wiederholung der Übungsaufgaben sollte ebenfalls schnell gehen, wenn man sie im ersten Durchlauf tatsächlich selbst bearbeitet hat und nur für einzelne

---

[21]In [11] findet man eine inzwischen „klassische" allgemeine Anleitung zur Bearbeitung eines Aufgabenblatts, in der der Autor ausführlich auf diesen Problemlöseprozess eingeht.

[22]Vorlesungsmitschriften auf dem Tablet erlauben Korrekturen und Ergänzungen, ohne die Mitschrift unübersichtlich und damit für späteres Nachsehen unattraktiv zu machen.

Teile die Musterlösungen konsultieren musste. Insgesamt sollte die Nacharbeit von Präsenz- und Hausaufgaben auch nicht länger als die Präsenzübungszeiten dauern.

3.4.4 Eine Beispielrechnung

In diesem Abschnitt will ich am Beispiel eines Modellstudienplans für das erste Semester den Gesamtzeitaufwand auf der Grundlage meiner bisherigen Erläuterungen schätzen. Der Modellstudienplan enthält zwei Mathematikvorlesungen à 9 ECTS-Punkten, einen Programmierkurs mit 4 ECTS-Punkten und eine Nebenfachvorlesung mit 9 ECTS-Punkten. Für die Nebenfachvorlesung und den Programmierkurs setze ich die erwähnten 30 Arbeitsstunden pro ECTS-Punkt an, komme also auf 390 Arbeitsstunden. Für die beiden Mathematikvorlesungen (Analysis 1 und Lineare Algebra 1) folge ich meinen eigenen Überlegungen. Jede der Vorlesungen hat 30 Einzeltermine à 90 min und eine zugeordnete Übung mit 15 Präsenzterminen à 90 min. Es ergibt sich für jede der Vorlesungen die folgende Tabelle

Kursarbeit	
Vorlesung	45 h
Nacharbeit	67,5 h
Präsenzübung	22,5 h
Hausaufgaben	67,5 h
Σ	202,5 h
Prüfungsvorbereitung	
Vorlesung	45 h
Übung	22,5 h
Σ	67,5 h
Gesamtsumme	270 h

Ich komme also genau auf die Arbeitsbelastung von 30 h pro ECTS-Punkt. In der Summe ergeben sich $2 \times 270 + 390 = 930$ h an Arbeitsbelastung für das Beispielsemester. Auf ein Jahr umgerechnet ergeben sich 1860 Arbeitsstunden. Rechnet man mit 48 Arbeitswochen, ergibt sich eine wöchentliche Arbeitszeit von 38,75 h pro Woche. Die von mir aus den anfallenden Aufgaben abgeleitete Aufteilung zwischen Semester und Semesterferien liegt für die beiden Mathematikvorlesungen bei 75 : 25. Setzt man die Aufteilung für die beiden anderen Veranstaltungen ebenso an, ergibt sich für die 30 Semesterwochen eine Arbeitsspitzenbelastung von

$$2 \times (9 + 9 + 9 + 4) \times 30 \times \frac{3}{4} \times \frac{1}{30} = 46,5$$

Stunden pro Woche.

Die Rechnung zeigt, dass im Rahmen eines Vollzeitstudiums während des Semesters keine zeitlichen Freiräume für parallele Erwerbsarbeit bestehen. Dagegen liegt die Arbeitsbelastung während der 18 Arbeitswochen, die außerhalb der 30 Semesterwochen liegen, nur bei

$$2 \times (9 + 9 + 9 + 4) \times 30 \times \frac{1}{4} \times \frac{1}{18} = 465 \times \frac{1}{18} = 25,83$$

Stunden pro Woche. Das ermöglicht rein rechnerisch eine zusätzliche Teilzeit-Erwerbsarbeit für den Zeitraum von 18 Wochen pro Jahr.

3.4.5 Fazit

Mathematik zu studieren ist zeitaufwändig. Wer in Vollzeit studieren will, kann das nur tun, wenn er in der Lage ist, mit zusätzlicher Erwerbsarbeit von höchstens rund 20 h pro Woche ausschließlich während der Semesterferien zurecht zu kommen. Wenn das nicht in Frage kommt, sollte man von vorne herein mit einem die Studienzeit automatisch verlängernden Teilzeitstudium planen. Diese Planung muss unbedingt gemeinsam mit der Fachstudienberatung gemacht werden, da mathematische Lehrveranstaltungen oft sehr stark aufeinander aufbauen und daher nicht in beliebiger Stückelung und Reihenfolge besucht werden können.

3.5 Abschlussarbeiten

Sowohl für den Bachelor als auch für den Master sind im deutschen System Abschlussarbeiten vorgesehen.

Die Erfahrung zeigt, dass es immer wieder zu Verzögerungen und in der Folge zu Terminüberschreitungen kommt, weil die Studenten den Schritt von einem auf einem Zettel notierten mathematischen Sachverhalt zu einer kohärenten gedruckten Darstellung unterschätzen. In diesem Transformationsprozess findet man sehr oft noch (meist kleinere) Fehler, man muss auch Gedankengänge genauer erklären, an die man sich während der Arbeit an dem gestellten Problem gewöhnt hat, auf die Konsistenz der verwendeten Notationen achten und sich um ein sinnvolles Literaturverzeichnis sowie einen Index kümmern. Davon abgesehen, kann man die Arbeit überhaupt erst beginnen, wenn man sich mit einem brauchbaren Textverarbeitungs-system vertraut gemacht hat, mit dem man auch mathematischen Formeln setzen kann[23].

Es empfiehlt sich, schon während der Arbeit an den mathematischen Inhalten jede verwendete Definition und jedes noch so kleine Teilresultat sofort sauber in LATEX aufzuschreiben und sogar zu kommentieren. Ist man mathematisch am Ziel, das heißt, hat man das angestrebte Resultat bewiesen oder die zugehörigen Beweis-schritte aus Quellen zusammengesetzt, dann besteht die Abschlussredaktion nur noch darin, überflüssige Elemente zu streichen. Gegebenenfalls kann man dann auch Argumente noch einmal kürzen oder durch Referenzen auf Standardquellen erset-zen, wenn man zum Beispiel die zulässige Seitenzahl schon überschritten hat. Dieser Prozess ist naturgemäß weniger fehleranfällig und zeitlich besser abschätzbar, als die ganze Arbeit am Ende der Ausarbeitungszeit aus handschriftlichen Notizen zu erstellen.

3.5.1 Bachelor

Der Unterschied zwischen Bachelorarbeit und Masterarbeit besteht in der Länge[24], im Niveau der dargestellten Mathematik und im erwarteten Eigenanteil.

Eine Bachelorarbeit in der Mathematik umfasst etwa 40–50 Druckseiten. Je nach fachlicher Spezialisierung wird dabei ein Problem gelöst, ein theoretisches Resultat beschrieben oder ein Programm entwickelt. Die Bearbeitungszeit liegt zwischen 3 und 6 Monaten. Normalerweise stellt der Betreuer eine Aufgabe, die er selbst noch nicht gelöst hat, von der er aber genau weiß, wie sie anzugehen ist, wo man das theoretische Resultat findet, oder wie man so ein Programm schreibt.

Die Betreuung besteht darin, dass der Betreuer zunächst das Projekt erklärt und mit dem Kandidaten regelmäßige Treffen vereinbart. Bei den Treffen erläutert der Kandidat seine Fortschritte. Sollten sich Probleme ergeben haben, werden diese diskutiert und der Betreuer gibt Hinweise, wie man sie lösen könnte.

Sehr begabten Kandidaten lässt man üblicherweise mehr Freiheit in der Auswahl der Projekte und steckt die Ziele etwas höher. Insbesondere versucht man, ihnen die Gelegenheiten zu geben, ein eigenes Resultat zu erzielen.

---

[23] Die überwiegende Mehrheit der Mathematiker benutzt LATEX.

[24] In der Regel geben die Prüfungsordnungen Seitenhöchstzahlen und Obergrenzen für die Bearbeitungszeit an.

3.5.2 Master

Eine Masterarbeit in der Mathematik umfasst etwa 60–80 Druckseiten bei einer Bearbeitungszeit zwischen 6 und 9 Monaten. Die Art der gestellten Aufgaben ist ähnlich wie bei der Bachelorarbeit, es wird aber ein höheres Maß an mathematischer Komplexität in Thema und Bearbeitung erwartet. Insbesondere kann der Betreuer auch Themen vorschlagen, bei denen ihm noch nicht von vorne herein klar ist, welches Ergebnis herauskommen wird, auch wenn er eine klare Vorstellung davon hat, wie man das gestellte Problem angehen kann.

Auch in der Betreuung ähneln sich Masterarbeit und Bachelorarbeit. Insgesamt erwartet man aber in der Masterarbeit von den Kandidaten ein höheres Maß an Selbstständigkeit.

Besonders begabte Masterstudenten erzielen in ihren Abschlussarbeiten auch immer wieder neue Forschungsresultate, die sie je nach der Art der Zusammenarbeit alleine oder gemeinsam mit ihren Betreuern in Fachzeitschriften publizieren.

3.6 Abschlüsse und Studienziele

Wie schon in Abschn. 3.1.1 erwähnt, sind die erreichbaren Abschlüsse der Bachelor of Science und der Master of Science. Welchen Wert diese Abschlüsse haben, lässt sich am ehesten an den Studienzielen eines Mathematikstudiums ablesen. Grob gesprochen sind das *Probleme analysieren, Probleme strukturieren, Probleme lösen*. Dabei kommt es nicht so sehr auf einen gegebenen mathematischen Kontext an, sondern auf die Fähigkeit, die in der Beschäftigung mit der Mathematik erworbenen Denk- und Vorgehensweisen an eine konkrete Situation anzupassen und zur Lösung von Problemen einzusetzen. Solche Fähigkeiten basieren auf hinreichend breitem mathematischem Hintergrundwissen gepaart mit Erfahrung im aktiven Umgang mit komplexen Problemstellungen. Diese Fähigkeiten lassen sich nicht allein im Rahmen des Bachelorstudiums erarbeiten. Man sollte im Fach Mathematik das Bachelorstudium als ein Grundlagenstudium betrachten, das durch ein Masterstudium als Aufbaustudium ergänzt wird. Das Mathematikstudium mit dem Bachelor of Science endgültig abzuschließen ist eigentlich nur sinnvoll, wenn man ernsthaft befürchtet, mit dem Masterstudium überfordert zu sein. Wenn man ein klares Berufsziel hat, könnte dann auch ein Wechsel auf eine Fachhochschule eine Option sein.

Es ist sicher kein Zufall, dass für die Stellen, die oft mit Mathematikern besetzt werden, normalerweise ein Master als Qualifikation gefordert wird. Von Bewerbern auf Stellen, für die ein B.Sc. als ausreichende Qualifikation gesehen wird, verlangt man normalerweise mehr stellenspezifische Spezialkenntnisse als Mathematiker sie vorweisen können.

Die genannten Studienziele erklären auch die Breite der Berufsfelder, in denen Mathematiker eingesetzt werden. *Mathematische Modellierung* im Sinne von *Beschreibung durch regelbasierte Strukturen* spielt im Zeitalter der Digitalisierung in praktisch jedem Kontext von Interesse eine Rolle.

Studieninhalte

4

Dies ist nicht der Platz, einen inhaltlichen Überblick über die Mathematik und ihre Teildisziplinen zu geben. Als Einstieg in eine inhaltliche Diskussion verweise ich auf [9], das in der Absicht geschrieben wurde, mathematischen Laien eine Orientierungshilfe zu geben und einen ersten Blick auf die Mathematik als Wissenschaft zu erlauben.

In diesem Kapitel soll es eher darum gehen, wie die üblichen Lehrveranstaltungen miteinander zusammenhängen. Ich gebe ganz kurze Charakterisierungen von Themenfeldern und Einzelgebieten und erkläre grob die begrifflichen und technischen Abhängigkeiten. Dabei wird einerseits klar werden, wie hochgradig kumulativ die Lehrinhalte des Mathematikstudiums sind. Andererseits möchte ich auch darauf hinweisen, dass es selbst zwischen Vorlesungen, die aus praktisch-organisatorischen Gründen separat von einander unterrichtet werden, oft enge inhaltliche Bezüge gibt.

4.1   Mathematische Themenfelder

Die Prüfungsordnungen machen oft Vorschriften, die darauf abzielen, ein zu einseitiges Studium zu verhindern. Dazu werden die angebotenen Lehrveranstaltungen inhaltlichen Bereichen zugeordnet und Regeln festgelegt, wie viele Veranstaltungen aus den jeweiligen Gebieten in jedem Studienabschnitt erfolgreich zu absolvieren sind.

Die Anzahlen und Grenzziehungen zwischen den Bereichen unterscheiden sich von Hochschule zu Hochschule, aber im Wesentlichen handelt es sich überall um Pakete, die aus den folgenden mathematischen Disziplinen zusammengesetzt sind:

- *Analysis* (Funktionen und Grenzwerte, Differential- und Integralrechnung)
- *Algebra* (Rechnen in abstrakten Strukturen)

J. Hilgert, *Mathematik studieren*, essentials,
https://doi.org/10.1007/978-3-658-31833-8_4

- *Geometrie* (Objekte überschaubarer Formenvielfalt)
- *Topologie* (Deformation von Objekten)
- *Stochastik* (Wahrscheinlichkeit und Statistik)
- *Numerik* (Automatisiertes näherungsweises Berechnen)
- *Optimierung* (Suche nach bestmöglichen Lösungen)

Eine Reihe von Standardvorlesungen, die an praktisch allen Universitäten angeboten werden, haben Namen, an denen man den zugehörigen Bereich sofort ablesen kann[1]: *Lineare Algebra 1-2, Analysis 1-3, Algebra 1-2, Topologie 1-2, Stochastik 1-2, Numerik 1-2, Funktionalanalysis 1-2, Partielle Differentialgleichungen.*

Der aufmerksame Leser vermisst in dieser Auflistung vielleicht die Mengenlehre und die Zahlentheorie. Die „naive" Mengenlehre und die natürlichen Zahlen sind in gewisser Weise der Ausgangspunkt des Mathematikstudiums. Sie werden in den ersten Wochen besprochen und fließen in alle Veranstaltungen aus allen Bereichen ein. Vertiefende Veranstaltungen dazu sind, speziell für die Mengenlehre, erst viel später vorgesehen. Die Zahlentheorie verwendet Techniken aus den unterschiedlichsten Bereichen und wird in Vorlesungen aller Schwierigkeitsstufen thematisiert. Die *elementare Zahlentheorie* gehört weitgehend zum Bereich Algebra, in der *analytischen Zahlentheorie* fasst man analytische Methoden insbesondere zur Untersuchung der Menge der Primzahlen zusammen, die *algebraische Zahlentheorie* verwendet fortgeschrittene Techniken der Algebra und die *arithmetische Geometrie* fusioniert alle diese Gebiete mit der Geometrie.

Fast alle mathematischen Vorlesungen bauen in der einen oder anderen Form sowohl auf den Vorlesungen *Lineare Algebra 1-2* als auch den Vorlesungen *Analysis 1-3* auf.

Ohne hier weiter ins Detail gehen zu wollen, halte ich fest, dass die Inhalte des Mathematikstudiums extrem stark aufeinander bezogen sind. Was einmal eingeführt wurde, kann nicht mehr ohne Schaden ignoriert werden.

Am meisten profitiert von den unterschiedlichen Veranstaltungen, wer immer ein offenes Auge für Querverbindungen zwischen den Themenkomplexen hat. Dann fällt es leichter, Ordnung in die präsentierte Ideen- und Begriffsvielfalt zu bringen und die zugrunde liegenden fundamentalen Prinzipien zu erkennen.

---

[1]Die angegebenen Zahlen signalisieren, dass es sich um mehrteilige Vorlesungen handelt – ein Teil pro Semester.

Fazit

Wer sich für ein Mathematikstudium interessiert, sollte sich wie jeder Studienanfänger eine möglichst realistische Vorstellung davon machen, was ihn im Studium erwartet. Mit diesem Ratgeber hoffe ich, dazu beizutragen. Darüber hinaus ist es eine gute Idee, Gespräche mit Studenten der Mathematik zu suchen und die Informationen der Institute und Fachschaften zu studieren oder an Veranstaltungen teilzunehmen. Letztlich aber ist es ein Aufbruch in Neuland. Dazu wünsche ich intellektuelles Vergnügen und viel Erfolg!

J. Hilgert, *Mathematik studieren*, essentials,
https://doi.org/10.1007/978-3-658-31833-8

Was Sie aus diesem *essential* mitnehmen können

Wenn Sie diesen Ratgeber durchgelesen haben, wissen Sie, was Sie im Mathematikstudium erwartet und was von Ihnen erwartet wird. Sie haben für alle gängigen Lehrformen konkrete Beschreibungen der gestellten Anforderungen und nötigen Zeitressourcen, und Sie kennen die Unterstützungsangebote, die Ihnen zur Verfügung stehen.

© Der/die Herausgeber bzw. der/die Autor(en), exklusiv lizenziert durch Springer
Fachmedien Wiesbaden GmbH, ein Teil von Springer Nature 2020
J. Hilgert, *Mathematik studieren*, essentials,
https://doi.org/10.1007/978-3-658-31833-8

Literatur

1. Aigner, M., & Behrends, E. (Hrsg.). (2009). *Alles Mathematik. Von Pythagoras zum CD-Player*. Wiesbaden: Vieweg-Teubner GWV Fachverlage.
2. Allcock, L. (2017). *Wie man erfolgreich Mathematik studiert – Besonderheiten eines nicht-trivialen Studiengangs*. Berlin: Springer Spektrum.
3. Bachem, A., Jünger, M., & Schrader, R. (1995). *Mathematik in der Praxis*. Berlin: Springer.
4. Dieter, M., & Törner, G. (2010). Zahlen rund um die Mathematik. Preprint der Fakultät für Mathematik (Universität Duisburg-Essen) Nr. SM-DU-716.
5. Garfunkel, S., & Steen, L. A. (Hrsg.). (1989). *Mathematik in der Praxis*. Heidelberg: Spektrum-Verlag.
6. Greuel, G.-M., Remmert, R., & Rupprecht, G. (Hrsg.). (2008). *Mathematik – Motor der Wirtschaft: Initiative der Wirtschaft zum Jahr der Mathematik*. Berlin: Springer.
7. Grötschel, M., Lucas, K., & Mehrmann, V. (Hrsg.). (2009). *Produktionsfaktor Mathematik – Wie Mathematik Technik und Wirtschaft bewegt*. Berlin: Springer.
8. Bauer, T., & Hefendehl-Hebecker, L. (2019). *Mathematikstudium für das Lehramt an Gymnasien – Anforderungen: Ziele und Ansätze zur Gestaltung*. Wiesbaden: Springer Spektrum.
9. Hilgert, I., & Hilgert, J. (2012). *Mathematik – Ein Reiseführer*. Berlin: Springer Spektrum.
10. Jäger, W., & Krebs, H.-J. (Hrsg.). (2003). *Mathematics. Key technology for the future*. Berlin: Springer.
11. Lehn, M. Wie bearbeitet man ein Übungsblatt? https://www.agtz.mathematik.uni-mainz.de/wie-bearbeitet-man-ein-uebungsblatt-von-prof-dr-manfred-lehn/.
12. Neunzert, H., & Prätzel-Wolters, D. (Hrsg.). (2015). *Currents in industrial mathematics – From concepts to research to education*. Heidelberg: Springer.
13. Neunzert, H., & Siddiqi, A. B. (2000). *Topics in industrial mathematics – Case studies and related mathematical methods*. Dordrecht: Springer.
14. Schulmeister, R., & Metzger, C. (Hrsg.). (2011). *Die Workload im Bachelor: Zeitbudget und Studierverhalten – Eine empirische Studie*. Münster: Waxmann.
15. Kramer, R. (Hrsg.). (2015). *Studien- und Berufsplaner Mathematik – Schlüsselqualifikation für Technik, Wirtschaft und IT. Für Studierende und Hochschulabsolventen*. Wiesbaden: Springer Spektrum.

© Der/die Herausgeber bzw. der/die Autor(en), exklusiv lizenziert durch Springer Fachmedien Wiesbaden GmbH, ein Teil von Springer Nature 2020
J. Hilgert, *Mathematik studieren*, essentials,
https://doi.org/10.1007/978-3-658-31833-8

16. Kultusministerkonferenz: Ländergemeinsame Strukturvorgaben für die Akkreditie-rung von Bachelor-und Masterstudiengängen. Beschluss vom 10.10.2003 i. d. F. vom 04.02.2010.   https://www.kmk.org/fileadmin/veroeffentlichungen_beschluesse/2003/2003_10_10-Laendergemeinsame-Strukturvorgaben.pdf.
17. Törner, G., Berndtsen, B., & Peters-Dasdemir, J. (2019). *Arbeitsmarkt für Mathematiker/innen Mitteilungen der Deutschen Mathematiker-Vereinigung, 27*(1), 26–31.

Stichwortverzeichnis

Printed in the United States
By Bookmasters